大型网站系统 与Java中间体实践

曾宪杰 著

电子工业出版社.
Publishing House of Electronics Industry
北京·BEIJING

内 容 简 介

　　本书围绕大型网站和支撑大型网站架构的 Java 中间件的实践展开介绍。从分布式系统的知识切入，让读者对分布式系统有基本的了解；然后介绍大型网站随着数据量、访问量增长而发生的架构变迁；接着讲述构建 Java 中间件的相关知识；之后的几章都是根据笔者的经验来介绍支撑大型网站架构的 Java 中间件系统的设计和实践。希望读者通过本书可以了解大型网站架构变迁过程中的较为通用的问题和解法，并了解构建支撑大型网站的 Java 中间件的实践经验。

　　对于有一定网站开发、设计经验，并想了解大型网站架构和支撑这种架构的系统的开发、测试等的相关工程人员，本书有很大的参考意义；对于没有网站开发设计经验的人员，通过本书也能宏观了解大型网站的架构及相关问题的解决思路和方案。

图书在版编目（CIP）数据

大型网站系统与 Java 中间件实践 / 曾宪杰著. —北京：电子工业出版社，2014.4
ISBN 978-7-121-22761-5

Ⅰ. ①大… Ⅱ. ①曾… Ⅲ. ①网站－建设②JAVA 语言－程序设计 Ⅳ. ①TP393.092②TP312

中国版本图书馆 CIP 数据核字(2014)第 059272 号

策划编辑：张春雨
责任编辑：徐津平
封面设计：吴海燕
印　　刷：北京虎彩文化传播有限公司
装　　订：北京虎彩文化传播有限公司
出版发行：电子工业出版社
　　　　　北京市海淀区万寿路 173 信箱　邮编 100036
开　　本：787×980　1/16　印张：21　字数：338.7 千字
版　　次：2014 年 4 月第 1 版
印　　次：2021 年 3 月第 21 次印刷
定　　价：89.00 元

　　凡所购买电子工业出版社图书有缺损问题，请向购买书店调换。若书店售缺，请与本社发行部联系，联系及邮购电话：（010）88254888，88258888。
　　质量投诉请发邮件至 zlts@phei.com.cn，盗版侵权举报请发邮件至 dbqq@phei.com.cn。
　　本书咨询联系方式：010-51260888-819，faq@phei.com.cn。

推荐序一

从事互联网系统开发的人员大多希望成为资深的架构师或领域专家。但大部分人员由于自身工作环境及条件的限制，缺少大型系统实践经验，或者对核心的案例缺乏真实的了解，因此很难有机会理解分布式设计中的关键问题及应对方案。如何才能找到有效的方法并早日成为资深系统架构师呢？

《大型网站系统与 Java 中间件实践》一书介绍了大型网站分布式领域的各种问题，并且以互联网语言 Java 语言为主。这对于希望提升架构能力的技术人员来说，一方面有助于他们了解理论层面体系，掌握大型系统的全貌；另一方面，由于作者具有淘宝平台的丰富的架构及中间件开发经验，因而书中的要点都是大型网站在实际运行中的精华经验，不管你是使用一个已有的分布式开源解决方案，还是自行开发分布式组件，了解这些关键点都会帮助你快速深入地驾驭分布式领域的核心架构。

书中内容尽是实战经验，虽不布道，但所述内容却不乏硝烟——因为是作者在分布式系统的构建、拆分、服务化、部署、实战过程中所经历的教训、积累的经验。书中还有很多性能优化分析、多种方案选择时的 tradeoff 及实战中的方案。方案选择无所谓最佳，只有最适合，这本书不仅给出了方案选择的方法，更给出了方案选择的原因。本书除了适合希望提升架构能力的技术人员阅读，对于正在从事大数据、高并发、中间件使用或研发的一线开发人员也很有价值。

——杨卫华（@TimYang）

新浪网技术总监

推荐序二

看了华黎寄给我的样章有很深的感触，时间仿佛又回到两年多前，当时"去哪儿"网的业务飞速发展，系统遇到了各种各样的问题。

首先是系统无节制地变得臃肿庞大，大量的 web service 的调用将我们的系统变成了一个蜘蛛网，新进入的工程师需要很长时间的熟悉才能对原有系统做出修改。

其次系统随着业务量的不断增大变得不堪重负，开始还能通过增加硬件来扩容，后来增加硬件能够带来的效果已无济于事。

还有，质量越来越难以保证，测试的时间变得越来越长，无法跟上和满足业务发展和变化的需要，团队的压力也越来越大，各个团队都需要增加人员，但是生产力的提升并不明显。

回顾那段时间，故障频发，效率低下，团队人困马乏，成就感变得越来越低。于是我们参考了国内外经历过这个阶段的公司的做法，引入了服务化框架，将系统拆小，重视了系统层次，控制了系统之间的调用关系，也采用了可靠消息系统来应对业务系统之间的强耦合问题。经过两年的努力，现在终于看到了胜利的曙光。

总结下来系统发展的困难也是演进推动力，主要来自于三个方面：一是系统的负载规模，二是系统的复杂度，三是由前两个方面带来的开发团队的规模扩张。而中间件技术是解决上述三个问题的重要方法。

如果在两年甚至三年前华黎的这本书就已经出版，那么去哪儿网的系统发展就能少走很多弯路。过去两年中，我们为了概念和做法进行了无数次的讨论、争执、尝试、修正。因为我们当时获得经验的途径主要是通过阅读国内外各大网站的同行在各种技术会议上的演讲、PPT，或者与他们交流过程中得到各种启示，这对于一个快速成长中的系统来讲太不成体系了，无法对日常的工作进行指导。而华黎写的这本书融合了他过去在淘宝的经验，书中的做法、理念经过了淘宝系统的爆炸性增长的检验，详实地阐述了 Java 中间件技术在大型网站，尤其是大型交易类网站的建设和应用经验。

书若其人，这本书很实在，用现在流行的话语来讲，就是干货多。我认识华黎有三年了，三年内见过几面，每次见面我都有很多收获。这次他把他的经验和领悟集结成书，相信对很多正在投身于互联网系统开发，特别是高负载、高复杂度的系统开发的工程师们会有很大帮助。也衷心祝福华黎在未来的日子里，儿子健康成长，家庭幸福，工作顺利。

——吴永强（@吴永强去哪）

去哪网 CTO

前言

由于 2007 年一个很偶然的机会，我加入了淘宝平台架构组，职位是 C++工程师。然后我就在只完成了 C 语言的一个小功能后，开始了 Java 中间件的研究生涯。从 2007 年下半年到 2013 年年初，近 6 年时间我都在和支撑整个网站应用的 Java 中间件打交道——从设计实现消息中间件到参与数据访问层设计，再到负责整个 Java 中间件团队，我也从一个不太懂 Java 的 C++工程师成长为对 Java 中间件有一定了解和积累的工程负责人。在这个过程中，我也有幸参与了淘宝从集中式的 Java 应用到分布式 Java 应用的架构变迁。

本书从分布式系统说起，然后介绍大型网站的变迁中遇到的挑战和应对策略，接着讲解 Java 中间件的内容，重点介绍了笔者在实践中自主开发的支撑大型网站应用的几个 Java 中间件产品，包括对它们的思考及其设计和实现原理。最后介绍了支撑大型网站的其他基础要素，包括 CDN、搜索、存储、计算平台，以及运维相关的系统等内容。

通过阅读本书，笔者希望读者能够尽量完整地了解大型网站的挑战和应对办法，并且能够了解淘宝在大型网站变迁过程中产生的这几个中间件的具体产品及其背后的思考和设计，并能够对除中间件之外的支撑大型网站的其他系统有一定的了解。希望初学者能够更多地关注全貌，也希望有相关经验的人士可以从本书中得到一些启发，汲取一些经验。

　　2013 年 5 月，我的岗位有了调整，在接下来的时间中我将带领淘宝技术部承担淘宝业务应用的开发工作。这本书也是对自己淘宝中间件 6 年工作生涯的一份纪念。

　　最后要说的是，能够完成本书有很多的人要感谢，首先要感谢淘宝给我这么好的平台和机会，没有这个机会就不会有本书。然后也非常感谢太太王海凤对我的支持，4 年前和林昊合著《OSGi 原理与最佳实践》一书的时候，我们刚谈恋爱，我把很多本应陪你的时间用在了写作上；4 年后，我又把本应陪你和儿子的时间用在了写作上，没有你的支持和理解，我不可能完成这次写作。最后也要感谢我的父母、岳父母、姑姑和小表妹，有你们照顾宸宸，我才能专心地写作本书。

曾宪杰

2013 年 11 月于杭州

目录

第1章
分布式系统介绍

1.1 初识分布式系统

我第一次听说分布式系统，大约是在 2000 年的时候。当时很偶然地了解到，1997年版本的电影《泰坦尼克号》中的特效就是通用多台运行 Linux 的机器组成的系统来共同完成的。整个系统的规模有多大，我没有确切数字，印象中是一百多台机器。这个集群的规模现在看不算大，但在当时深深地震撼了我。更加让我感慨的是，那个时候身边正好有一位同学在用 3D 软件做特效，因为过于复杂，在寝室要熄灯时总是不能全部完成。如果能够把其他人的电脑拿过来一起分担工作，同时渲染，应该就能在熄灯前完成，那样就不需要把电脑放到负责管理宿舍楼的大爷那边来保证它一直有电了。

1.1.1 分布式系统的定义

对于分布式系统的定义，一直以来我都没有找到或者想到特别简练而又合适的定义。这里引用一下 *Distributed Systems Concepts and Design*（*Third Edition*）中的一句话：“A distributed system is one in which components located at networked computers communicate and coordinate their actions only by passing messages”。从这句话我们可以看到几个重点，一是组件分布在网络计算机上，二是组件之间仅仅通过消息传递来通信并协调行动。

图 1-1 是一个分布式系统的示意图，从用户的视角看，用户面对的就是一个服务器，提供用户需要的服务，而实际上是靠背后的众多服务器组成的一个分布式系统来提供服务。分布式系统看起来就像一个超级计算机一样。

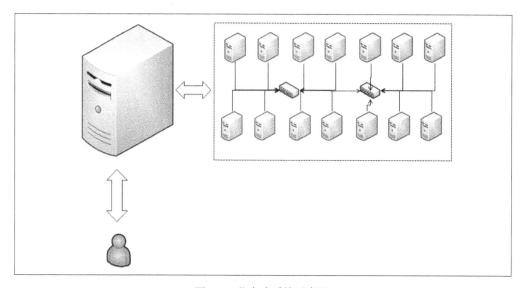

图 1-1　分布式系统示意图

我们来理解一下分布式系统的定义。首先分布式系统一定是由多个节点组成的系统，一般来说一个节点就是我们的一台计算机；然后这些节点不是孤立的，而是互相连通的；最后，这些连通的节点上部署了我们的组件，并且相互之间的操作会有协同。有了这样的原则，我们就可以看看身边都有哪些分布式系统了。像大家平时都会使用的互联网就是一个分布式系统，我们通过浏览器去访问某一个网站（例如淘宝），在对浏览器发出请求的背后是一个大型的分布式系统在为我们提供服务，整个系统中有的负责请求处理，有的负责存储，有的负责计算，最终通过相互的协同把我们的请求变成了最后的结果返回给浏览器，并呈献给我们。

1.1.2　分布式系统的意义

从单机单用户到单机多用户，再到现在的网络时代，应用系统发生了很多的变化。而分布式系统依然是目前很热门的讨论话题。那么，分布式系统给我们带来了什么，或者说为什么要有分布式系统呢？下面从三个方面来介绍一下其中的原因：

- 升级单机处理能力的性价比越来越低。
- 单机处理能力存在瓶颈。
- 出于稳定性和可用性的考虑。

那么我们先来看单机处理能力包括什么。一般来说，我们关注的是单机的处理器（CPU）、内存、磁盘和网络。下面我们就用处理器来举例说明与单机处理能力相关的问题。

我们都知道摩尔定律：当价格不变时，每隔 18 个月，集成电路上可容纳的晶体管数目会增加一倍，性能也将提升一倍，如图 1-2 所示。

这个定律告诉我们，随着时间的推移，单位成本的支出所能购买的计算能力在提升。不过，如果我们把时间固定下来，也就是固定在某个具体时间点来购买单颗不同型号处理器，那么所购买的处理器性能越高，所要付出的成本就越高，性价比就越低。那么，就是说在一个确定的时间点，通过更换硬件做垂直扩展的方式来提升性能会越来越不划算。除此之外，同样是在某个固定的时间点，单颗处理器有自己的性能瓶颈，也就是说即使你愿意花更多的钱去买计算能力也买不到了，这就是前面提到的第二点。而第三点，强调的是分布式系统带来的稳定性、可用性的提升。如果我们采用单机系统，那么在这台机器正常的时候一切 OK，一旦出问题，那么系统就完全不能用了。当然，可以考虑做容灾备份等方案，而这些方案就会让你的单机系统演变成分布式系统了。

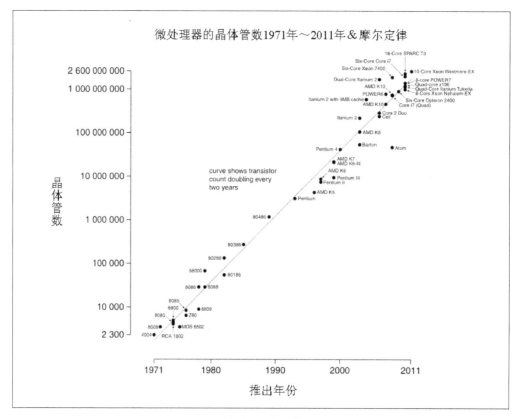

图 1-2 摩尔定律

　　多年以来分布式系统相关技术一直是技术方面的热点，在接下来的一节中我们看一些分布式系统的基础知识。

1.2 分布式系统的基础知识

在前面的内容中提到过，分布式系统是多个节点连通后组成的系统，我们先来介绍单个节点，就是单个计算机，首先看一下计算机的组成要素。

1.2.1 组成计算机的 5 要素

提起冯·诺依曼（John Von Neumann），应该很多读者都知道他是"计算机之父"，他对世界上第一台电子计算机-ENIAC 的设计提出过建议，而且他在共同讨论的基础上起草的 EDVAC（电子离散变量自动计算机）设计报告，对后来的计算机的设计有决定性影响。就是在这个 101 页的报告中，提到了计算机的 5 个组成部分以及采用二进制编码等设计。我们看一下冯·诺依曼型计算机的这 5 个组成部分，如图 1-3 所示。

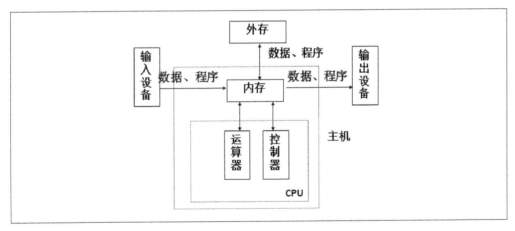

图 1-3　组成计算机的 5 要素

如图 1-3 所示，组成计算机的基本元素包括输入设备、输出设备、运算器、控制器和存储器，存储器又分为了内存和外存。在计算机断电时，内存中存储的数据会丢失，而外存则仍然能够保持存储的数据。

在单机系统中，这 5 个部分构成了整个计算机系统。而分布式系统从外部看起来就像是一个超级计算机。那么，这个超级计算机是否也是由上面的 5 个部分组成的呢？如果是，这 5 个部分具体又是怎么运作的呢？在后面的章节中，我们会具体谈到这部分内容。

1.2.2 线程与进程的执行模式

有了基础的硬件后，要完成工作就需要我们进行相应的开发，而我们代码最后是要通过进程中的线程来运行，因此我们接下来要看的就是线程与进程的执行模式。相信绝大部分接触程序设计的人员都和我一样是先接触单线程开发的。事实上那个时候我并不懂得线程的概念，就是写一段代码，执行完了事。在单线程程序中，我们面对的主要就是程序的顺序、分支和循环执行。单线程程序也是我们很容易学习和掌握的。

相对于单线程，下面要介绍的就是多线程。先明确一下，我们这里说的多线程，指的是单进程内的多线程。多线程开发的难度远远高于单线程。在多线程开发中，我们需要处理线程间的通信，需要对线程并发做控制，需要做好线程间的协调工作。

1.2.2.1 阿姆达尔定律

多线程的程序不容易写，开发难度比较大。但是，多线程给我们带来的好处也是显而易见的。在前面的章节中提到过摩尔定律，进入 21 世纪后，单核 CPU 的性能和时钟频率已经达到了很高的高度，因而这个时候 CPU 能力的提升更多的是靠增加单颗 CPU 中的核心数来提升，总体上处理能力的提升还是符合摩尔定律。但是，要利用这种能力提升的话，就需要我们面向多核来编程。在多年前的单核时代，程序员相对容易就能做到自己的程序随着 CPU 的更换而变快。而在多核的年代，如果你的程序不能很好地利用多核，那么随着时间的推移，升级多核 CPU 为你的程序带来的速度提升会非常有限。在这样的多核时代中，程序的并发和并行很重要。通过阿姆达尔定律也能很好地看到，程序中的串行部分对于增加 CPU 核心来提升处理速度存在限制。

我们看一下阿姆达尔定律（Amdahl's law）：

$$S(N) = \frac{1}{(1-P) + \dfrac{P}{N}}$$

其中，P 指的是程序中可并行部分的程序在单核上执行时间的占比，N 表示处理器的个数（总核心数）。$S(N)$是指程序在 N 个处理器（总核心数）相对在单个处理器（单核）中的速度提升比。

这个公式告诉我们，程序中可并行代码的比例决定你增加处理器（总核心数）所能带来的速度提升的上限，是否能达到这个上限，还取决于很多其他的因素。例如，当 P=0.5 时，我们可以计算出速度提升的上限就是 2。而如果 P=0.2，速度提升的上限就是 1.25。可见，在多核的时代，并发程序的开发或者说提升程序的并发性是多么重要。

1.2.2.2 互不通信的多线程模式

接下来，我们需要看看多线程的几种交互模式。首先看到的就是不进行交互的模式。在多线程程序中，多个线程会在系统中并发执行。如果线程之间不需要处理共享的数据，也不需要进行动作协调，那么将会非常简单，就是多个独立的线程各自完成自己线程中的工作。

例如图 1-4 中的两个线程，没有交集，各自执行各自的任务和逻辑。

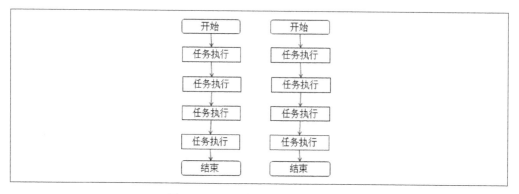

图 1-4 互不通信的多线程执行流程

1.2.2.3 基于共享容器协同的多线程模式

在另一些场景中我们需要在多个线程之间对共享的数据进行处理。例如经典的生产者和消费者的例子，我们有一个队列用于生产和消费，那么，这个队列就是多个线程会共享的一个容器或者是数据对象，多个线程会并发地访问这个队列，如图1-5 所示。

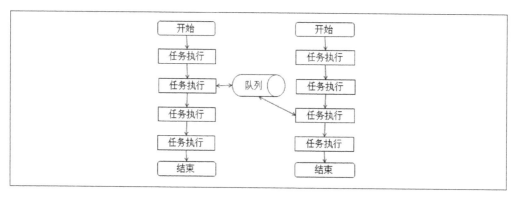

图 1-5 使用队列进行交互的多线程执行流程

对于这种在多线程环境下对同一份数据的访问，我们需要有所保护和控制以保证访问的正确性。对于存储数据的容器或者对象，有线程安全和线程不安全之分，而对于线程不安全的容器或对象，一般可以通过加锁或者通过 Copy On Write 的方式来控制并发访问。使用加锁方式时，如果数据在多线程中的读写比例很高，则一般会采用读写锁而非简单的互斥锁。对于线程安全的容器和对象，我们就可以在多线程环境下直接使用它们了。在这些线程安全的容器和对象中，有些是支持并发的，这种方式的效率会比简单的加互斥锁的实现更好，例如在 Java 领域，JDK 中的 java.util.concurrent 包中有很多这样的容器类。不过，需要在这里提一点的是，有时通过加锁把使用线程不安全容器的代码改为使用线程安全容器的代码时，会遇到笔者之前遇到过的一个陷阱，即在一个使用 map 存储信息后统计总数的例子中，map 中的 value 整型使用线程不安全的 HashMap 代码是这样写的（以 Java 为例）：

```java
public class TestClass {
    private HashMap<String, Integer> map =
        new HashMap<String, Integer>();
    public synchronized void add(String key){
        Integer value = map.get(key);
        if(value == null){
            map.put(key, 1);
        }
        else{
            map.put(key, value + 1);
        }
    }
}
```

如果我们使用 ConcurrentHashMap 来替换 HashMap，并且仅仅是去掉 synchronized 关键字，那么就出问题了。问题不复杂，大家可以自己来思考答案（Java 代码如下）。

```java
public class TestClass {
    private ConcurrentHashMap<String, Integer> map =
        new ConcurrentHashMap<String, Integer>();
    public void add(String key){
        Integer value = map.get(key);
        if(value == null){
            map.put(key, 1);
        }
        else{
            map.put(key, value + 1);
        }
    }
}
```

1.2.2.4 通过事件协同的多线程模式

除了并发访问的控制，线程间会存在着协调的需求，例如 A、B 两个线程，B 线程需要等到某个状态或事件发生后才能继续自己的工作，而这个状态改变或者事件产生和 A 线程相关。那么在这个场景下，就需要完成线程间的协调。

如图 1-6 所示，右侧的线程，在执行到某个步骤时需要等待一个事件，而这个事件由左侧线程产生并通知。右侧线程一直阻塞直到事件通知到达后才继续自己的执行。当然，这只是一个很简单的例子，而在实际的程序中会有更复杂的情况。我们也需要注意避免死锁的情况出现。一般来说，能够原子性地获取需要的多个锁，或者注意调整对多个锁的获取顺序，就会比较好地避免死锁。

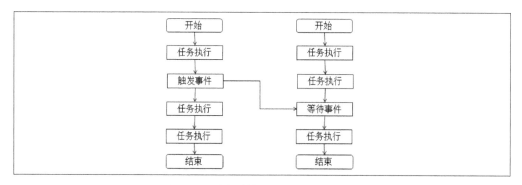

图 1-6　通过事件协同的多线程执行流程

下面来看一个死锁的例子。我们假设有两个锁 A 和 B，有两个线程 T1 和 T2，T1 和 T2 的某段代码都需要获取 A 和 B 两个锁，假设伪代码如下：

```
T1 代码
......
A.lock();
    B.lock();
......
T2 代码
......
B.lock();
    A.lock();
......
```

那么，可能出现的死锁如图 1-7 所示。

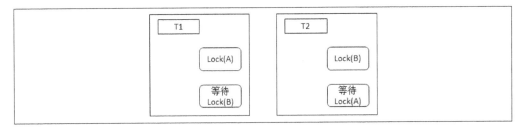

图 1-7 等待顺序造成的死锁

这个时候，T1 等不到 B，而 T2 也等不到 A。下面这种做法可以避免这样的死锁：

```
T1 代码
......
A.lock();
B.lock();
......
T2 代码
......
A.lock();
B.lock();
......
```

和前面代码相比，T2 线程的获取锁的顺序发生了变化，现在和 T1 一样，都是先获取 A，然后再获取 B。这样就可以避免死锁。因为两个线程都是先获取 A 才会接着获取 B，就不会出现之前一个线程持有 A 等待 B，另外一个线程持有 B 等待 A 的情况了。

此外，我们还有另外一种实现方式来避免死锁：

```
T1 代码
......
GetLocks(A,B);
......
T2 代码
......
GetLocks(A,B);
......
```

可以看到，我们使用了一个 GetLocks 函数，这里想表达的意思是，GetLocks 一次性获取两个锁，当然，对于 GetLocks 这样的伪代码，不同平台的支持是不同的。例如，在 Windows 系统中，就提供了 WaitForMultipleObjects。

此外，线程之间还会传递数据。因为这些线程共用进程的内存空间，所以线程间的传递数据就相对容易一些了。当然，后面将提到的进程间通信的手段，在多线程之间都可以使用。

1.2.2.5 多进程模式

前面介绍了单线程和多线程，下面来看多进程。我们在前面看到的是在单进程中的线程模型，下面我们将要关注的是进程间的关系，而不讨论进程内部是单线程还是多线程。

多进程和多线程有比较多的相似之处，也有不同。首先，对于前面提到的多线程会遇到的状况以及一些使用方式，多进程也有类似的场景，只是具体的实现方式上会存在不同。造成不同的最大原因是，线程是属于进程的，一个进程内的多个线程共享了进程的内存空间；而多个进程之间的内存空间是独立的，因此多个进程间通过内存共享、交换数据的方式与多个线程间的方式就有所不同。此外，进程间的通信、协调，以及通过一些事件通知或者等待一些互斥锁的释放方面，也会与多线程不一样。这些在不同的平台上所支持的方式不同。

多进程相对于单进程多线程的方式来说，资源控制会更容易实现，此外，多进程中的单个进程问题，不会造成整体的不可用。这两点是多进程区别于单进程多线程方式的两个特点。当然，使用多进程会比多线程稍微复杂一些。多进程间可以共享数据，但是其代价比多线程要大，会涉及序列化与反序列化的开销。

而我们的分布式系统是多机组成的系统，可以近似看做是把单机多进程变为了多机的多进程。当然，单机到多机也有些变化。原来在单机 OS 上支持的功能现在都需要另外去实现了。多机系统也带来了一个好处，即当单个机器出问题时，如果处理得好，就不会影响整体的集群。

回顾一下我们从单线程到多机的系统，其中每次的变化都使得我们在处理某些功能（例如共享数据、通信）时会有不同，而在另外一个关乎故障的方面也会不一样。

单线程和单进程多线程的程序在遇到机器故障、OS 问题或者自身的进程问题时，会导致整个功能不可用。

对于多进程的系统，如果遇到机器故障或者 OS 问题，那么功能也会整体不可用，而如果是多进程中的某个进程问题，那么是有可能保持系统的部分功能正常的——当然这取决于多进程系统自身的实现方式。

而在多机系统中，如果遇到某些机器故障、OS 问题或者某些机器的进程问题，我们都有机会来保证整体的功能大体可用——可能是部分功能失效，也可能是不再能承担正常情况下那么大的系统压力了。

从上面的分析可以看出，不同的方式可能造成的故障影响面也是不同的。

1.2.3　网络通信基础知识

学习了在单机中的线程、进程的执行模式，下面我们将要介绍的就是和网络通信相关的知识。在分布式系统中，组件分布在网络上的多个节点中，通过消息的传递来通信并且进行动作的协调。因此网络通信在分布式系统中非常重要。

我们处在一个高速发展的网络时代，无论是有线网络还是无线网络，无论是 LAN、MAN 还是 WAN 等把众多节点联系在一起的方式，都需要解决通信的问题。

1.2.3.1　OSI与TCP/IP网络模型

首先我们需要先看看网络模型，图 1-8 是经典的 ISO 的 OSI 七层模型，我们在"计算机网络"这门课中都会学到。这个模型考虑得比较全面，也划分得比较细致。而我们大多数人在平时工作中接触的，主要是 TCP/IP 的模型，两者的对应关系可以用图 1-9 来说明。

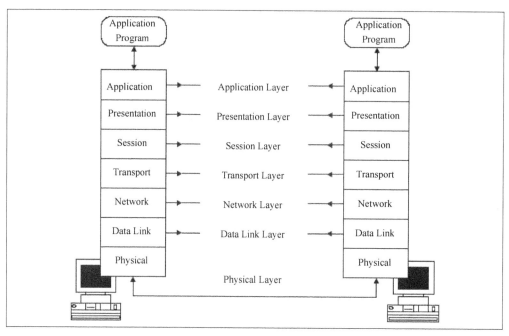

图 1-8　ISO 的 OSI 网络模型

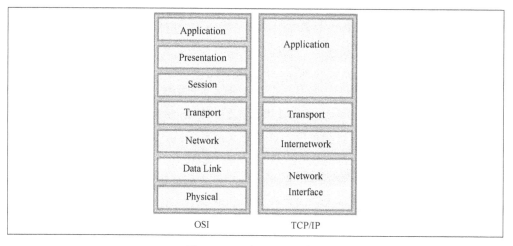

图 1-9　OSI 与 TCP/IP 对照

我们在这里不过多介绍计算机网络方面的内容,一些关于计算机网络的原理、网络实例的分析等,可以参考更加专业的书籍。

1.2.3.2 网络IO实现方式

我们在实践中接触比较多的网络模型主要是以太网及 TCP/IP 协议栈,UDP 在一些场景中也会用到。那么,当我们使用 Socket 套接字进行网络通信开发时,有哪些实现方式呢?下面介绍的就是我们会用到的三种方式:BIO、NIO 和 AIO。

1. BIO 方式

BIO 即 Blocking IO,采用阻塞的方式实现。也就是一个 Socket 套接字需要使用一个线程来进行处理。发生建立连接、读数据、写数据的操作时,都可能会阻塞。这个模式的好处是简单,相信很多学习网络通信的学生最初写的实验代码都是 BIO 的。这样做带来的主要问题是使得一个线程只处理一个 Socket,如果是 Server 端,那么在支持并发的连接时,就需要更多的线程来完成这个工作。

BIO 的工作方式如图 1-10 所示。

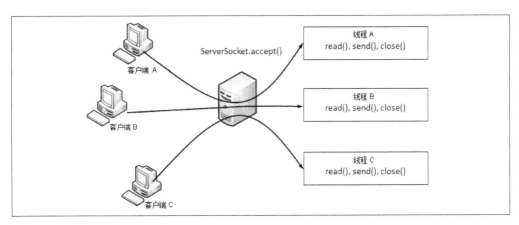

图 1-10 BIO 的工作方式

2．NIO 方式

NIO 即 Nonblocking IO，基于事件驱动思想，采用的是 Reactor 模式（如图 1-11 所示）。这在 Java 实现的服务端系统中也是采用比较多的一种方式。相对于 BIO，NIO 的一个明显的好处是不需要为每个 Socket 套接字分配一个线程，而可以在一个线程中处理多个 Socket 套接字相关的工作。

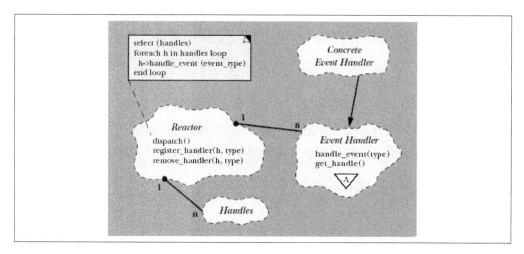

图 1-11　Reactor 模式

图 1-11 说明了 Reactor 模式的工作方式，Reactor 会管理所有的 handler，并且把出现的事件交给相应的 Handler 去处理。我们再具体一些，看一下它在通信中的应用，如图 1-12 所示。

从图 1-12 中可以看出，在 NIO 的方式下不是用单个线程去应对单个 Socket 套接字，而是统一通过 Reactor 对所有客户端的 Socket 套接字的事件做处理，然后派发到不同的线程中。这样就解决了 BIO 中为支撑更多的 Socket 套接字而需要打开更多线程的问题。

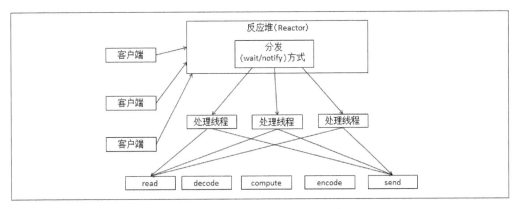

图 1-12 Reactor 模式在通信中的应用

3．AIO 方式

AIO 即 AsynchronousIO，就是异步 IO。AIO 采用 Proactor 模式（如图 1-13 所示）。AIO 与 NIO 的差别是，AIO 在进行读/写操作时，只需要调用相应的 read/write 方法，并且需要传入 CompletionHandler（动作完成的处理器）；在动作完成后，会调用 CompletionHandler，当然，在不同的系统上会有一些细微的差异，不同的语言在 SDK 上也会有些差异，但总体就是这样的工作方式。NIO 的通知是发生在动作之前，是在可写、可读的时候，Selector 发现这些事件后调用 Handler 处理。

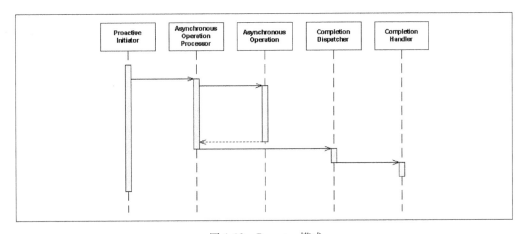

图 1-13 Proactor 模式

AIO 是在 Java 7 中引入的。在 Java 领域，服务端的代码目前基本都是基于 NIO 的。而 AIO 和 NIO 的一个最大的区别是，NIO 在有通知时可以进行相关操作，例如读或者写，而 AIO 在有通知时表示相关操作已经完成。

BIO、NIO、AIO 这几种模型并不要求客户端和服务端采用同样的方式。客户端和服务端之间的交互主要在于数据格式或者说是通信协议。在客户端，如果同时连接数不多，采用 BIO 也是一个很好的选择。

此外，在实践中也有一些场景会使用 UDP，但就笔者的经验看还是 TCP 的使用更广泛一些。这里就不对 UDP 进行详细介绍和说明了。

介绍了基本的网络通信知识后，我们接下来看一下从单机到分布式的变化。

1.2.4 如何把应用从单机扩展到分布式

在前面的内容中，我们提到了计算机一共由 5 部分组成。从使用者的角度来看，分布式系统就像是一个超级计算机。那么，这个超级计算机是不是也应该由输入、输出、运算、存储和控制这 5 部分组成呢？我们下面尝试从这个维度来看一下，从单机变化到分布式时，构成计算机的这 5 个要素的变化。

1.2.4.1 输入设备的变化

分布式系统由通过网络连接的多个节点组成，那么，输入设备其实可以分为两类，一种是互相连接的多个节点，在接收其他节点传来的信息时，该节点可以看做是输入设备；另外一种就是传统意义的人机交互的输入设备了。

1.2.4.2 输出设备的变化

输出设备和输入设备相仿，也可以看做有两种，一种是指系统中的节点在向其他节点传递信息时，该节点可以看做是输出设备；另外一种就是传统意义的人机交互的输出设备，例如终端用户的屏幕等。

1.2.4.3 控制器的变化

在单机系统中，控制器指的就是 CPU 中的控制器。在分布式系统中，我们要介绍的控制器不是像 CPU 中的控制器那样的具体电子元件，而是分布式系统中的控制方式。

分布式系统是由多个节点通过网络连接在一起并通过消息的传递进行协调的系统。控制器主要的作用就是协调或控制节点之间的动作和行为。

我们先来看一下图 1-14，如下。

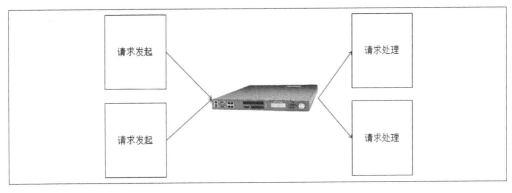

图 1-14　使用硬件负载均衡的请求调用

这是一个进行远程服务调用的场景，其实也就是一个远程的通信过程。在这个场景中，请求发起方需要确定谁来处理这个请求，图 1-14 中的方式是在请求发起方和请求处理方中间有一个硬件负载均衡设备。所有的请求都要经过这个负载均衡设备来完成请求转发的控制。这就是一种控制的方式。

类似的，我们可以看一下图 1-15，如下。

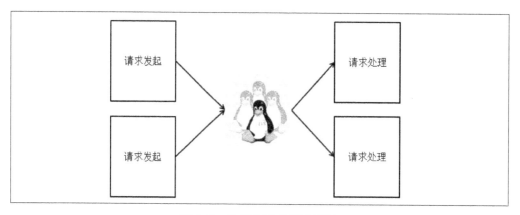

图 1-15 使用 LVS 的请求调用

图 1-15 的结构和图 1-14 是一样的，差别仅在于中间的硬件负载均衡设备被更换为了 LVS（当然也可以是其他的软件负载均衡系统）。这种方式主要的特点是代价低，而且可控性较强，即你可以相对自由地按照自己的需要去增加负载均衡的策略。

我们一般称上面的方式为透明代理。在集群中，这种方式对于发起请求的一方和处理请求的一方来说，都是透明的。发起请求的一方会以为是中间的代理提供了服务，而处理请求的一方会以为是中间的代理请求的服务。发起请求一方不用关心有多少台机器提供服务，也不需要直接知道这些提供服务的机器的地址，只需要知道中间透明代理的地址就行了。这种方式存在两个不足。第一个不足是会增加网络的开销，这个开销一方面指的是流量，另外一方面指的是延迟。如果使用 LVS 的 TUN或者 DR 模式，那么从处理请求服务器上的返回结果会直接到请求服务的机器，不会再通过中间的代理，只有请求的数据包在过程中多了一次代理的转发。在发送请求的数据包小而返回结果的数据包大的场景下，使用代理的模式与不使用代理的模式相比只有很小的流量增加，但是如果发送请求的数据包很大，那么流量增加还是比较明显的。而延时方面，这里只是根据这个结构提出了该问题，实际的影响很小。第二个不足是，这个透明代理处于请求的必经路径上，如果代理出现问题，那么所有的请求都会受到影响。我们需要要考虑代理服务器的热备份。不过，在切换时，当时未完成的请求还是会受到影响。当总体来说，这是一种非常方便、直观的控制方式。

接下来我们看第三种方式，如图 1-16 所示。

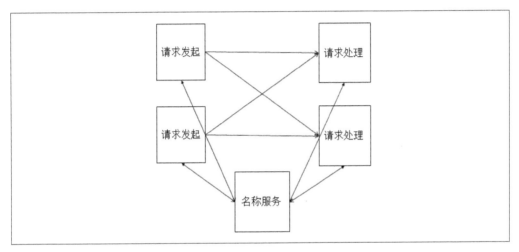

图 1-16　采用名称服务的直连方式的请求调用

从图 1-16 中我们可以看到，同样是完成请求发起到请求处理的请求派发工作，与透明代理方式最大的区别是，在请求发起方和请求处理方这两个集群中间没有代理服务器这样的设备存在，而是请求发起方和请求处理方的直接连接。在请求发起方和请求处理方的直接连接外部，有一个"名称服务"的角色，它的作用主要有两个，一个是收集提供请求处理的服务器的地址信息；另外一个是提供这些地址信息给请求发起方。当然，名称服务只是起到了一个地址交换的作用，在发起请求的机器上，需要根据从名称服务得到的地址进行负载均衡的工作。也就是说，原来在透明代理上做的工作被拆分到了名称服务和发起请求的机器上了。

这种方案也存在着自己的优势和不足。首先，这个名称服务不是在请求的必经路径上，也就是说，如果这个名称服务出现问题，在很多时候或者说我们有不少办法可以保证请求处理的正常。其次，发起请求的一方和提供请求的一方是直连的方式，也减少了中间的路径以及可能的额外带宽的消耗。而不方便的地方主要是代码的升级较复杂。

接下来，我们看第四种方式，如图 1-17 所示。

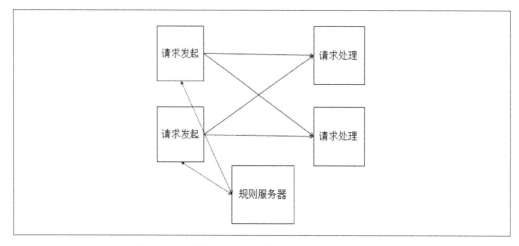

图 1-17　采用规则服务器控制路由的请求直连调用

从图 1-17 中可以看出，这种方式与前面的名称服务的方式很像，只是这里采用的是规则服务器的方式。首先，和前面的名称服务的方式一样，在这种控制下，请求发起和请求处理的机器也是直接连接的，那么请求发起的一方如何选择请求处理的机器呢？这就要靠规则服务器给的规则了。所以，在请求发起的机器上，会有对规则进行处理从而进行请求处理服务机器选择的代码逻辑。这个方式与名称服务方式的不同在于，名称服务是通过跟请求处理的机器交互来获得这些机器的地址的，而规则服务器的方式中，规则服务器本身并不和请求处理的机器进行交互，只负责把规则提供给请求发起的机器。

从优缺点方面来讲，规则服务器的方式和名称服务的方式比较类似，这里就不再赘述。

我们接下来再看最后一种方式，如图 1-18 所示。

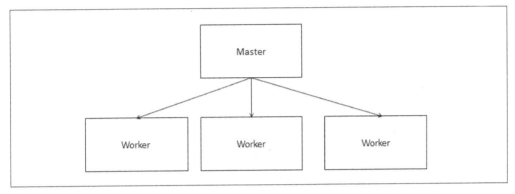

图 1-18　Master+Worker 的方式

图 1-18 的控制方式是，存在一个 Master 节点来管理任务，由 Master 把任务分配给不同的 Worker 去进行处理。这种方式使用的场景和前面的几种不太一样。这里没有像前面介绍的那种请求发起和请求处理，这个方式更多的是任务的分配和管理。

1.2.4.4　运算器的变化

看完了控制器在分布式系统中的变化，我们接下来看一下运算器的变化。在单机系统中，运算器是具体的电子元件，而在分布式系统中，运算器是由多个节点来组成的。单机的计算能力有上限，而分布式系统中的运算器是运用多个节点的计算能力来协同完成整体的计算任务。

下面我们先看一个用户访问单台服务器网站的场景，如图 1-19 所示。

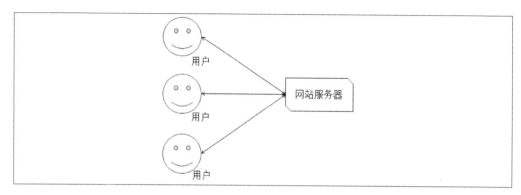

图 1-19 单台服务器的网站

可以看到，这是只有单台机器支撑的网站的情况。如果随着压力增大，我们需要变为多台服务器，例如从一台变为两台，那会变成什么样子呢？如图 1-20 所示。

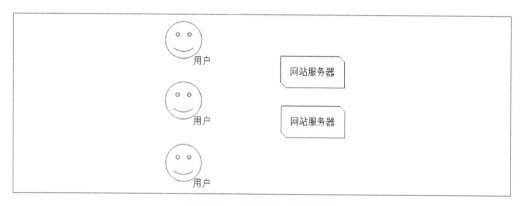

图 1-20 两台服务器的网站

两台服务器一起完成工作，这里面就有一个问题，用户应该去访问哪个服务器呢？我们有两种做法来解决，第一种做法如图 1-21 所示。

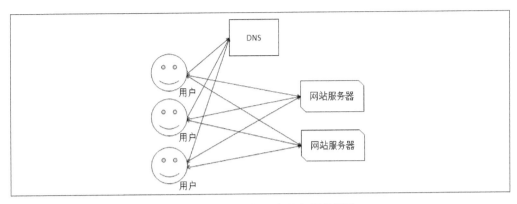

图 1-21　用户访问两台服务器的网站

这种办法是通过 DNS 服务器进行了调度和控制，在用户解析 DNS 的时候，就会被给予一个服务器的地址。这样的方式看起来就像我们在控制器部分提到的名称服务或者规则服务器的方式，中间没有代理设备，用户能直接知道提供服务的服务器的地址。

我们还有另外一种方案，如图 1-22 所示。

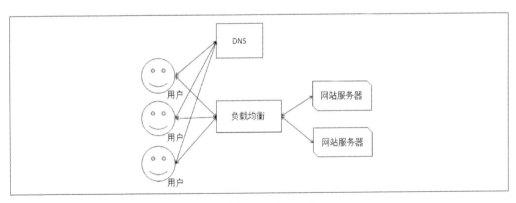

图 1-22　用户访问有负载均衡的网站

和前面的方案不同，我们在用户和网站服务器中间增加了负载均衡设备（纯硬件或者 LVS 等软件都可以）。DNS 返回的永远是负载均衡的地址，而用户的访问都是通过负载均衡到达后面的网站服务器。

总结起来，构成运算器的多个节点在控制器的配合下对外提供服务，构成了分布式系统中的运算器。

我们再看另外一个场景，也是一个很经典的场景-日志的处理，如图 1-23 所示。

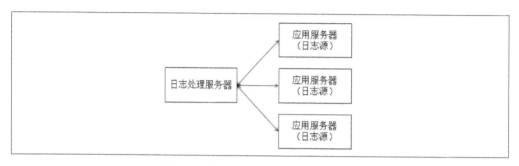

图 1-23　单日志处理服务器的日志处理

我们用一台日志处理服务器从多台（例子中是 3 台）服务器上收集日志并处理。随着应用服务器的增多，单台日志处理服务器一定会遇到问题。那么，我们可以通过增加日志处理服务器的数量来提升处理日志的能力。一种方案如图 1-24 所示，就是把前面看到的 Master+Worker 方式的控制器运用到了这个日志处理的场景。

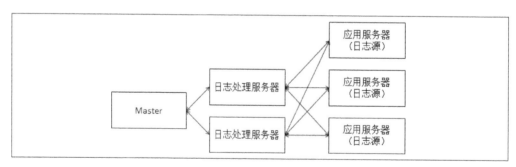

图 1-24　Master 控制的多日志处理服务器的日志处理

除了使用 Master 控制日志处理服务器集群方式外，我们也可以采用规则服务器的方式来协调日志处理服务器的动作，如图 1-25 所示。

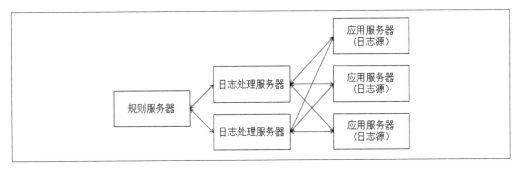

图 1-25　规则服务器管理的多日志处理服务器的日志处理

使用规则服务器来分配任务可能存在的最大问题是任务分配不均衡。用 Master 节点的方式会对任务的分配做得更好些，不容易导致处理不均衡的问题。

1.2.4.5　存储器的变化

接着我们来看一下存储器的变化。在单机系统，我们一般把存储器分为内存和外存，内存的数据在机器断电、重启或 OS 崩溃的情况下会丢失，而外存是用于长久保存数据的。当然，外存也不是绝对可靠。在分布式系统中，我们需要把承担存储功能的多个节点组织在一起，使之看起来是"一个"存储器。如同运算器部分的介绍一样，在存储器中，我们也需要通过控制器的配合来完成工作。下面使用最基础的 Key-Value 场景来介绍，如图 1-26 所示。

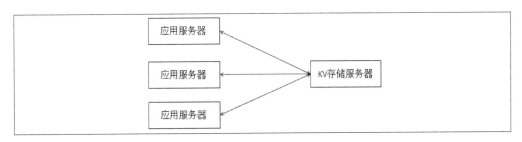

图 1-26　单机的 Key-Value 服务

图 1-26 中的场景是多个应用服务器使用单个 KV 存储服务器的场景。随着数据量的发展，我们需要把图中的一台 KV 存储服务器扩展到两台来提供服务。那么，我们该如何完成这个扩展呢？

首先来看第一种方案（如图 1-27 所示），在应用服务器与 KV 存储服务器之间加了一个代理服务器。这个代理服务器作为控制器转发来自于应用服务器的请求。而转发请求使用的策略与具体业务有非常密切的关系。一般可以根据请求的 Key 进行划分（Sharding）。

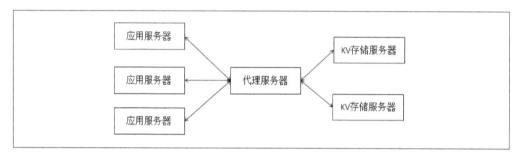

图 1-27　使用代理的多机 Key-Value 服务

接下来我们看一下第二种方案，如图 1-28 所示。

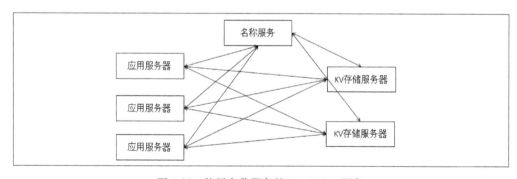

图 1-28　使用名称服务的 Key-Value 服务

图 1-28 采用了名称服务的方案。在这个方案中，名称服务用于管理在线的 KV 存储服务器，并且把地址传到应用服务器这边。应用服务器会和 KV 存储服务器直接

联系。接下来看到的另外两种结构与现在这个图所示的结构有些类似，不过具体的细节实现上有很大差异。

图 1-28 的结构中，我们让应用服务器与 KV 存储服务器直接连接，那么 KV 服务器的选择逻辑就放在了应用服务器上完成。在实践中我们根据不同场景有两种实施经验，一个是通过规则服务器的配合，完成固定的 Sharding 策略；另外一个则是对等看待多台 KV 存储服务器，能够灵活地适应 KV 存储服务器的增加和减少，这一方案我们放在后续章节的消息中间件里面一起讲，那时这个方案就是用在了消息中间件上。

下面我们来看一下使用规则服务器的情况（如图 1-29 所示）。

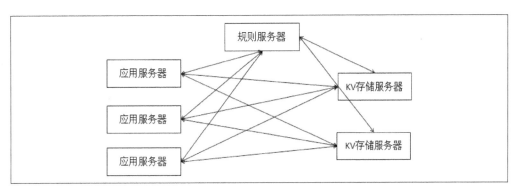

图 1-29　使用规则服务器的 Key-Value 服务

从图 1-29 中可以看到，我们省去了名称服务。其实在这个场景中，规则服务器的规则不仅写明了如何对数据做 Sharding，还包含了具体的目标 KV 存储服务器的地址。例如，两台 KV 存储服务器存储的是用户数据，假设我们的规则是用户编号为奇数的数据全部保存在第一台，用户编号为偶数的数据全部保存在第二台，那么在规则服务器中就会有规则来描述这个状况，并且会把具体符合某个规则后需要访问的 KV 存储服务器的地址（可能是 IP 地址，也可能是域名）写在规则中。所以，这样可以省略掉名称服务了。不过这时你肯定有一个问题要问，即如果 KV 存储服务器出故障了或者新增加了，没有名称服务的感知，怎么让应用服务器知道呢？

这是一个很好的问题，不过对于提供持久数据服务的情况，增加节点远比增加一个无状态的只进行计算的节点要难。在后面的数据访问层的章节中会进行更加详细的介绍。

下面再来看最后一种方案，如图 1-30 所示。

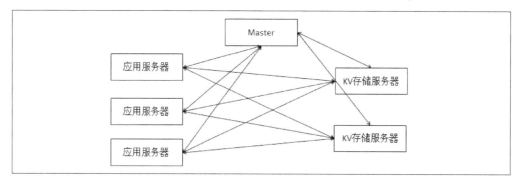

图 1-30　通过 Master 控制的 Key-Value 服务

图 1-30 与前面规则服务器及名称服务的图看起来很像，但是对应位置换成了 Master。这个结构同样是应用服务器直接访问 KV 存储服务器的。不同的是，Master 是根据请求返回目标 KV 存储服务器地址，然后由应用服务器直接去访问对应的 KV 存储服务器。相比名称服务的方式，Master 是根据请求返回对应的 KV 存储服务器地址，而不是返回所有地址，所以具体的 KV 存储服务器选择工作在 Master 上就完成了，应用服务器上不需要有更多的逻辑；相比规则服务器的方式，Master 并不是把规则传给具体应用服务器，再由应用服务器去解析并完成规则下的路由选择，而是 Master 自身完成了这个事情后把结果传给应用服务器，应用服务器只需要根据返回的结果去访问这个 KV 存储服务器就可以了。这种方式的具体应用很广泛，在后续章节中我们会看具体而系统的例子。

至此，我们依次介绍了冯 · 诺依曼模型中计算机的 5 个组成部分从单机到分布式的变化。下面我们来了解一下分布式系统中的难点和挑战。

1.2.5 分布式系统的难点

1.2.5.1 缺乏全局时钟

在单机系统中，程序就以这个单机的时钟为准，控制时序比较容易。在分布式系统中，每个节点都有自己的时钟，在通过相互发送消息进行协调时，如果仍然依赖时序，就会相对难处理。保持每个节点的时钟完全一致可能是直觉上首先想到的办法，如果能够做到，那么一些分布式系统中的工程实现就会简单很多。不过这个方式本身并没办法实现，因为同步本身就存在着时间差，因此我们需要有其他办法来解决这个问题。很多时候我们使用时钟，它可以区分两个动作的顺序，而不是一定要知道准确的时间。对于这种情况，我们可以把这个工作交给一个单独的集群来完成，通过这个集群来区分多个动作的顺序。

此外，在单机系统中我们提到过在多线程和多进程中使用的锁，到了分布式环境中也需要有相应的办法来处理。我们在这里先不展开，后面的章节会具体介绍相关实现。

1.2.5.2 面对故障独立性

分布式系统由多个节点组成，整个分布式系统完全出问题的概率是存在的，但是在实践中出现更多的是某个或者某些节点有问题，而其他节点及网络设备等都没问题。这种情况提醒我们在开发实现分布式系统时对问题的考虑要更加全面。

对于单机系统来说，我们如果不使用多进程方式的话，基本不会遇到独立的故障。就是说在单机系统上的单进程程序，如果是机器问题、OS 问题或者程序自身的问题，基本的结果就是我们的程序整体不能用了，不会出现一些模块不行另一些模块可以的情况。而在分布式系统中，整个系统的一部分有问题而其他部分正常是经常出现的情况，我们称之为故障独立性。我们在实现分布式系统的时候，必须要找到应对和解决故障独立性的办法。

1.2.5.3 处理单点故障

在整个分布式系统中，如果某个角色或者功能只有某台单机在支撑，那么这个节点称为单点，其发生的故障称为单点故障，也是常说的 SPoF（Single Point of Failure）。我们需要在分布式系统中尽量避免出现单点，尽量保证我们的功能都是由集群完成的。避免单点的关键就是把这个功能从单机实现变为集群实现，当然，这种变化一般会比较困难，否则就不太会有单点问题了。如果不能够把单机实现变为集群实现，那么一般还有另外两种选择：

- 给这个单点做好备份，能够在出现问题时进行恢复，并且尽量做到自动恢复，降低恢复需要用的时间。
- 降低单点故障的影响范围。对于第二种选择，我们举个例子来说明。这里先声明一下，下面的例子主要是帮助大家理解，并不是最好的解决方案。

如图 1-31 所示，这个是一个交易网站的部分，应用访问交易数据。交易数据放在一个数据库中，这就形成了单点。当然在现实中，我们会给这个数据库增加一个备库以解决容灾的问题。现在看到的这个场景中，如果这台数据库的机器出问题，那么会影响所有与交易相关的操作。虽然这台数据库出现问题的概率不高，但是一旦出现后果就非常严重。我们可以考虑拆分数据，如图 1-32 所示。

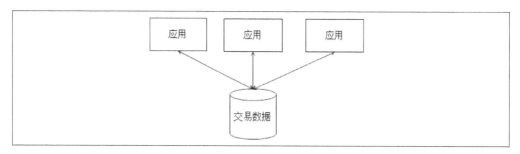

图 1-31　交易网站示意图

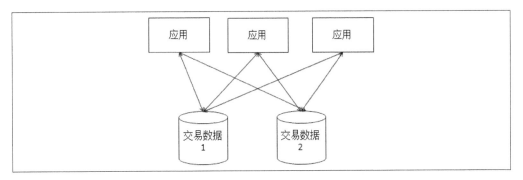

图 1-32　拆分数据的交易网站示意图

我们把原来的一个交易数据库拆为了两个（根据一定的规则做 Sharding），那么，在单个数据库出现问题时，影响的就不会是全部范围了。当且仅当这两台数据库同时发生故障才会影响全部范围。因此，如果我们把这个数据库拆成更多份，单个数据库出现问题的影响面就更小了。需要多台机器同时出现问题才会出现严重故障，这个概率就比较低了。但是，一台数据库拆分到多台数据库后，出现故障的次数和总时间会比单台数据库的时候要多。也就是说，我们增加了故障出现的次数和时间，降低了故障的影响面。从本质上说，这种方式更多的是转移和交换，而没有真正解决或者帮助解决单点故障。

1.2.5.4　事务的挑战

在数据库理论中我们都了解过 ACID。相对来说，单机的事务会容易很多。在分布式环境中，如何解决事务问题也是一个重要的部分。可能读者都听说过两阶段提交（2PC）、最终一致、BASE、CAP、Paxos 等，在这里我们先不做展开，后续的章节会有相应的介绍。

至此，我们把分布式系统中比较基本的偏实践的知识向大家做了介绍。在第 2章中我们将看一下大型网站及其架构演进过程。

第2章
大型网站及其架构演进过程

2.1 什么是大型网站

通过第 1 章我们了解了分布式系统的相关基础知识，大型网站是一种很常见的分布式系统，而本书重点要介绍的中间件系统也是在大型网站的架构变化中出现并发展的，那么我们很有必要从大型网站的架构演进过程入手，先从整体上了解这个变化过程。首先，我们来看一下怎样的网站被称为大型网站。

关于大型网站的定义，在学术上并没有精确地定义，下面是将笔者自己的理解介绍给大家。

网站是用来访问的，访问量大就应该是大型网站。这个说法不全对，从 www.alexa.com 上可以看到不同网站的大概访问量，排在前面的都是比较出名且大型的网站。不过我在这里举一个反例，在我写这段内容的时候，下面这个网站在中国的 Traffic Rank 的排名是第 179 位，在整个互联网的排名是第 1301 位，这个网站怎么说也不算小了。来看看我说的是哪个网站吧，如图 2-1 所示。

图 2-1 Alexa 上 tao123.com 的排名信息

再看看这个站点，如图 2-2 所示。

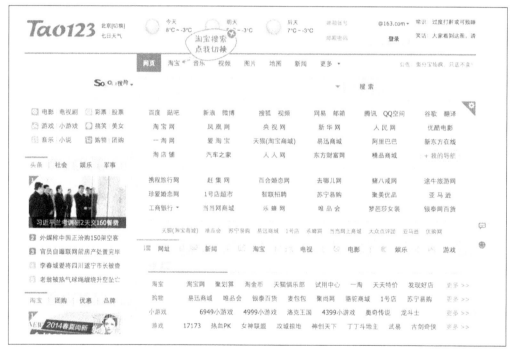

图 2-2 tao123.com 的界面

看到这里，我想大家不会认为上面这个网站本身是一个大型网站了。这么看来
访问量很大不是成为大型网站的一个充分条件。

我们再看看数据量，数据量应该是我们关注的另一个维度的条件。一个大型网站应该有大量的数据，或者说是海量数据才行。

在我看来，访问量和数据量二者缺一不可。仅有访问量的例子前面已经给大家看了；对于仅有数据量的情况，我们可以简单想象一下，一个网站有非常多的数据，可是每天访问量很低，页面浏览量（PV）也很低，那这个网站肯定也不算是大型网站。此外，除了海量数据和高并发的访问量，本身业务和系统的复杂度也是考察的方面。

大型网站要支撑海量的数据和非常高并发的访问量，那么它肯定是一个分布式系统。即便你用小型机而不是 PC Server，你也需要用集群来支撑而不是靠单机。我没有见过也没有用过大型机，关于用大型机来实现的情况，这里暂不讨论。

2.2 大型网站的架构演进

我们现在常用的大型网站都是从小网站一步一步发展起来的，这个过程中会有一些通用的问题要解决，而这些也是我们构建中间件系统的基础，那么我们就从最简单的网站结构开始，看看随着网站从小到大的变化，网站架构发生了哪些变化。

2.2.1 用 Java 技术和单机来构建的网站

我们先从最简单的开始吧。说到做网站，不管大家是自己动手实践过，还是听说过，肯定能反应出很多技术名词，例如 LAMP、MVC 框架、JSP、Spring、Struts、Hibernate、HTML、CSS、JavaScript、Python，等等。

笔者最早接触网站是在 1998 年，那个时候主要是上网看新闻、收发电子邮件，当时只了解 HTML。到了 2000 年的时候，接触了一些 ASP，才弄明白怎么做动态的内容。当时，大家都是在自己的机器上搭建一个环境来学习相关技术，或者做开发和测试。我们可以看一下采用 Java 技术、使用单机构建的网站的样子。

我们基本上会选择一个开源的 Server 作为容器，直接使用 JSP/Servlet 等技术或者使用一些开源框架来构建我们的应用；选择一个数据库管理系统来存储数据，通过 JDBC 进行数据库的连接和操作——这样，一个最基础的环境就可以工作了（如图 2-3 所示）。相信很多在学校接触网站开发的同学都是从这样的做法开始的。

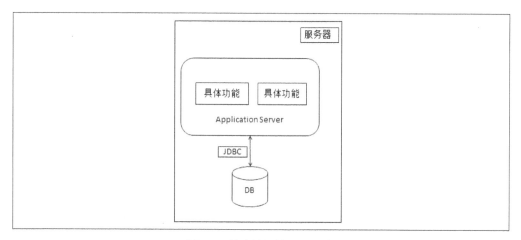

图 2-3　技术单机构建的网站

对于实际的大型网站来说，情况远比我们看到的这个例子要复杂。我们回顾一下在前面章节中讲到的计算机的组成部分，在大型网站中，其实最核心的功能就是计算和存储。在图 2-3 中，DB 就是用来存储数据的，而 Application Server 完成了业务功能和逻辑，是用于计算的。一个网站从小到大的演进可以说都是在围绕着这两个方面进行处理。因此图 2-3 所示的网站可以作为我们的一个起点。

2.2.2　从一个单机的交易网站说起

为了更好地说明网站从小到大的演进过程，我们下面举一个交易类网站的例子。

当然，这个例子和架构的变化过程并不是某一个具体交易类网站的真实过程，而是糅合了通用的架构变化方式的一个示例，这样能更好地说明问题。

此外，还有两点要说明。首先，我们下面重点关注的是随着数据量、访问量提升，网站结构发生了什么变化，而不关注具体的业务功能点。其次，下面的网站演进过程是为了让大家更好地了解网站演进过程中的一些问题和应对策略，并不是指导大家按照下面的过程来改进网站。

作为一个交易网站，需要具备的最基本功能有三部分：

- 用户
  - ➢ 用户注册
  - ➢ 用户管理
  - ➢ 信息维护
  - ➢ ......
- 商品
  - ➢ 商品展示
  - ➢ 商品管理
  - ➢ ......
- 交易
  - ➢ 创建交易
  - ➢ 交易管理
  - ➢ ......

现在的交易网站有很多，并且功能非常丰富。我们从简单的开始，假设我们只支持这三部分的功能，那么，基于 Java 技术用单机来构建这个交易网站的话，大概会是图 2-4 的样子。

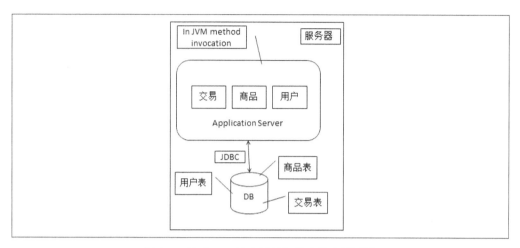

图 2-4 基于 Java 技术用单机构建的交易网站

与图 2-3 的结构是一样的，在这里有两个地方需要注意，即各个功能模块之间是通过 JVM 内部的方法调用来进行交互的，而应用和数据库之间是通过 JDBC 进行访问的。后面围绕着这两个部分会有不同的变化。

2.2.3　单机负载告警，数据库与应用分离

我们很幸运，网站对外服务后，访问量不断增大，我们这个服务器的负载持续升高，必须要采取一些办法来应对了。这里我们先不考虑更换机器或各种软件层面的优化。我们来看一下结构上的变化。首先我们可以做的就是把数据库与应用从一台机器分到两台机器，那么，我们的网站结构会变成图 2-5 所示的样子。

网站的机器从一台变成了两台，这个变化对于我们来说影响很小。单机的情况下，我们的应用也是采用 JDBC 的方式同数据库进行连接，现在数据库与应用分开了，我们只是在应用的配置中把数据库的地址从本机改到了另外一台机器上而已，对开发、测试、部署都没有什么影响。

调整以后我们能够缓解当前的系统压力，不过随着时间的推移，访问量继续增大，我们的系统还是需要继续演进的。

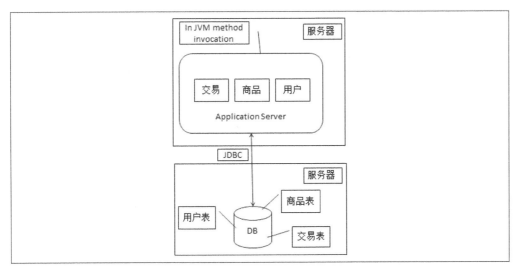

图 2-5 应用与数据库分开的结构

2.2.4 应用服务器负载告警，如何让应用服务器走向集群

我们接着看一下应用服务器压力变大的情况。

应用服务器压力变大时，根据对应用的监测结果，可以有针对性地进行优化。我们这里要介绍的是把应用从单机变为集群的优化方式。

先来看一下这个变化，如图 2-6 所示。

在图 2-6 中，应用服务器从一台变为了两台。这两个应用服务器之间没有直接的交互，它们都是依赖数据库对外提供服务的。在增加了一台应用服务器后，我们有下面两个问题需要解决：

● 最终用户对两个应用服务器访问的选择问题。这在前面的章节提到过，可以通过 DNS 来解决，也可以通过在应用服务器集群前增加负载均衡设备来解决。我们这里选择第二种方案。

- Session 的问题。接下来就会详细讲述。

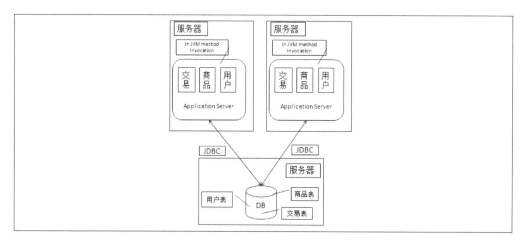

图 2-6 应用服务器集群

2.2.4.1 引入负载均衡设备

采用了负载均衡设备后，系统的结构看起来如图 2-7 所示。

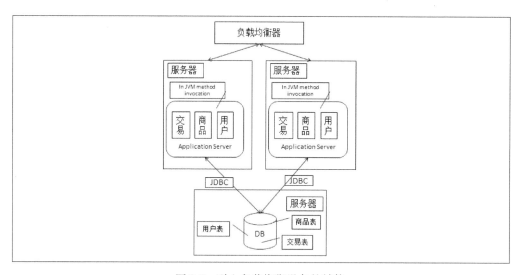

图 2-7 引入负载均衡设备的结构

这时，我们会遇到一个与 Session 相关的问题，下面介绍什么是 Session 问题，以及如何解决它。

2.2.4.2 解决应用服务器变为集群后的Session问题

先来看一下什么是 Session。

用户使用网站的服务，基本上需要浏览器与 Web 服务器的多次交互。HTTP 协议本身是无状态的，需要基于 HTTP 协议支持会话状态（Session State）的机制。而这样的机制应该可以使 Web 服务器从多次单独的 HTTP 请求中看到"会话"，也就是知道哪些请求是来自哪个会话的。具体实现方式为：在会话开始时，分配一个唯一的会话标识（SessionId），通过 Cookie 把这个标识告诉浏览器，以后每次请求的时候，浏览器都会带上这个会话标识来告诉 Web 服务器请求是属于哪个会话的。在 Web 服务器上，各个会话有独立的存储，保存不同会话的信息。如果遇到禁用 Cookie 的情况，一般的做法就是把这个会话标识放到 URL 的参数中。我们可以通过图 2-8 来看一下上述过程。

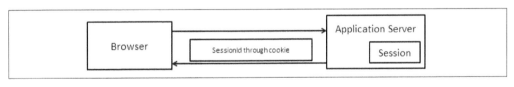

图 2-8　Session

当我们的应用服务器从一台变到两台后，如同图 2-7 中的结构，我们就会遇到 Session 的问题了。具体是指什么问题呢？

我们来看图 2-9，当一个带有会话标识的 HTTP 请求到了 Web 服务器后，需要在 HTTP 请求的处理过程中找到对应的会话数据（Session）。而问题就在于，会话数据是需要保存在单机上的。

在图 2-9 所示的网站中，如果我第一次访问网站时请求落到了左边的服务器，那么我的 Session 就创建在左边的服务器上了，如果我们不做处理，就不能保证接下来的请求每次都落在同一边的服务器上了，这就是 Session 问题。

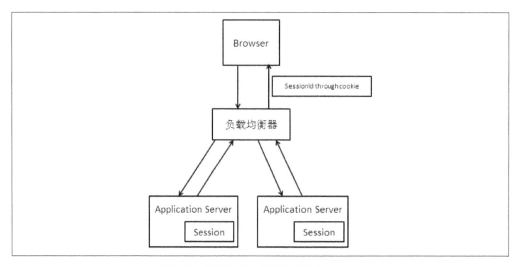

图 2-9 负载均衡、应用集群与 Session

我们看看这个问题的几种解决方案。

1．Session Sticky

在单机的情况下，会话保存在单机上，请求也都是由这个机器处理，所以不会有问题。Web 服务器变成多台以后，如果保证同一个会话的请求都在同一个 Web 服务器上处理，那么对这个会话的个体来说，与之前单机的情况是一样的。

如果要做到这样，就需要负载均衡器能够根据每次请求的会话标识来进行请求转发，如图 2-10 所示，称为 Session Sticky 方式。

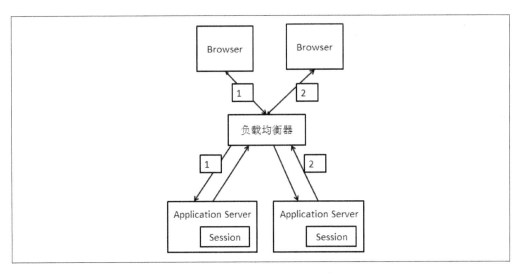

图 2-10   Session Sticky 方式

这个方案本身非常简单,对于 Web 服务器来说,该方案和单机的情况是一样的,只是我们在负载均衡器上做了"手脚"。这个方案可以让同样 Session 的请求每次都发送到同一个服务器端处理,非常利于针对 Session 进行服务器端本地的缓存。不过也带来了如下几个问题:

- 如果有一台 Web 服务器宕机或者重启,那么这台机器上的会话数据会丢失。如如果会话中有登录状态数据,那么用户就要重新登录了。
- 会话标识是应用层的信息,那么负载均衡器要将同一个会话的请求都保存到同一个 Web 服务器上的话,就需要进行应用层(第 7 层)的解析,这个开销比第 4 层的交换要大。
- 负载均衡器变为了一个有状态的节点,要将会话保存到具体 Web 服务器的映射。和无状态的节点相比,内存消耗会更大,容灾方面会更麻烦。

这种方式我们称为 Session Sticky。打个比方来说,如果说 Web 服务器是我们每次吃饭的饭店,会话数据就是我们吃饭用的碗筷。要保证每次吃饭都用自己的碗筷的话,我就把餐具存在某一家,并且每次都去这家店吃,是个不错的主意。

2．Session Replication

如果我们继续以去饭店吃饭类比，那么除了前面的方式之外，如果我在每个店里都存放一套自己的餐具，不就可以更加自由地选择饭店了吗？Session Replication 就是这样的一种方式，这一点从字面上也很容易看出来。

先看一下图 2-11，如下。

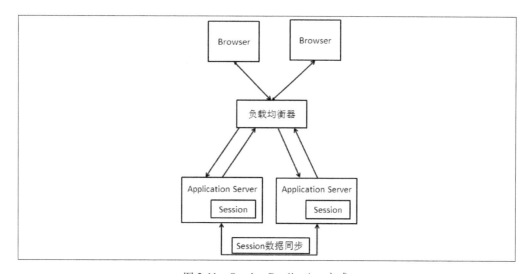

图 2-11　Session Replication 方式

可以看到，在 Session Replication 方式中，不再要求负载均衡器来保证同一个会话的多次请求必须到同一个 Web 服务器上了。而我们的 Web 服务器之间则增加了会话数据的同步。通过同步就保证了不同 Web 服务器之间的 Session 数据的一致。就如同每家饭店都有我的碗筷，我就能随便选择去哪家吃饭了。

一般的应用容器都支持（包括了商业的和开源的）Session Replication 方式，与 Session Sticky 方案相比，Session Replication 方式对负载均衡器没有那么多的要求。不过这个方案本身也有问题，而且在一些场景下，问题非常严重。我们来看一下这些问题。

- 同步 Session 数据造成了网络带宽的开销。只要 Session 数据有变化，就需要将数据同步到所有其他机器上，机器数越多，同步带来的网络带宽开销就越大。

- 每台 Web 服务器都要保存所有的 Session 数据，如果整个集群的 Session 数很多（很多人在同时访问网站）的话，每台机器用于保存 Session 数据的内容占用会很严重。

这就是 Session Replication 方案。这个方案是靠应用容器来完成 Session 的复制从而使得应用解决 Session 问题的，应用本身并不用关心这个事情。不过，这个方案不适合集群机器数多的场景。如果只有几台机器，用这个方案是可以的。

3．Session 数据集中存储

同样是希望同一个会话的请求可以发到不同的 Web 服务器上，刚才的 Session Replication 是一种方案，还有另一种方案就是把 Session 数据集中存储起来，然后不同 Web 服务器从同样的地方来获取 Session。大概的结构如图 2-12 所示。

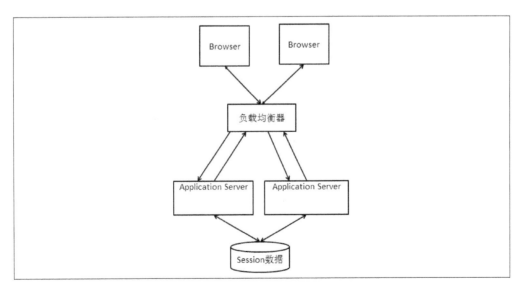

图 2-12 集中存储 Session 方式

可以看到，与 Session Replication 方案一样的部分是，会话请求经过负载均衡器后，不会被固定在同样的 Web 服务器上。不同的地方是，Web 服务器之间没有了 Session 数据复制，并且 Session 数据也不是保存在本机了，而是放在了另一个集中存储的地方。这样，不论是哪台 Web 服务器，也不论修改的是哪个 Session 数据，最终的修改都发生在这个集中存储的地方，而 Web 服务器使用 Session 数据时，也是从这个集中存储 Session 数据的地方来读取。这样的方式保证了不同 Web 服务器上读到的 Session 数据都是一样的。而存储 Session 数据的具体方式，可以使用数据库，也可以使用其他分布式存储系统。这个方案解决了 Session Replication 方案中内存的问题，而对于网络带宽，这个方案也比 Session Replication 要好。该方案存在的问题是什么呢？

- 读写 Session 数据引入了网络操作，这相对于本机的数据读取来说，问题就在于存在时延和不稳定性，不过我们的通信基本都是发生在内网，问题不大。
- 如果集中存储 Session 的机器或者集群有问题，就会影响我们的应用。

相对于 Session Replication，当 Web 服务器数量比较大、Session 数比较多的时候，这个集中存储方案的优势是非常明显的。

4．Cookie Based

Cookie Based 方案是要介绍的最后一个解决 Session 问题的方案。这个方案对于同一个会话的不同请求也是不限制具体处理机器的。和 Session Replication 以及 Session 数据集中管理的方案不同，这个方案是通过 Cookie 来传递 Session 数据的。还是先看看下面的图 2-13 吧。

从图 2-13 可以看到，我们的 Session 数据放在 Cookie 中，然后在 Web 服务器上从 Cookie 中生成对应的 Session 数据。这就好比我每次都把自己的碗筷带在身上，这样我去哪家饭店吃饭就可以随意选择了。相对于前面的集中存储，这个方案不会依赖外部的一个存储系统，也就不存在从外部系统获取、写入 Session 数据的网络时延、不稳定性了。不过，这个方案依然存在不足：

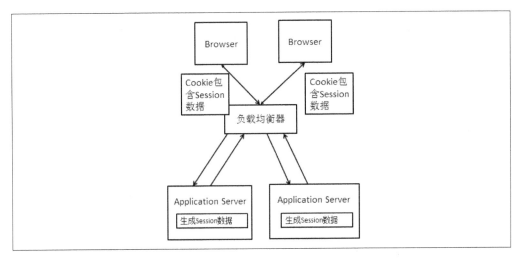

图 2-13 Cookie Based 的方式

- Cookie 长度的限制。我们知道 Cookie 是有长度限制的，而这也会限制 Session 数据的长度。
- 安全性。Session 数据本来都是服务端数据，而这个方案是让这些服务端数据到了外部网络及客户端，因此存在安全性上的问题。我们可以对写入 Cookie 的 Session 数据做加密，不过对于安全来说，物理上不能接触才是安全的。
- 带宽消耗。这里指的不是内部 Web 服务器之间的带宽消耗，而是我们数据中心的整体外部带宽的消耗。
- 性能影响。每次 HTTP 请求和响应都带有 Session 数据，对 Web 服务器来说，在同样的处理情况下，响应的结果输出越少，支持的并发请求就会越多。

2.2.4.3 小结

前面介绍了 Web 服务器从单机到多机情况下的 Session 问题的解决方案。这 4 个方案都是可用的方案，不过对于大型网站来说，Session Sticky 和 Session 数据集中存储是比较好的方案，而这两个方案又各有优劣，需要在具体的场景中做出选择和权衡。

不管采用上述何种方案，我们都可以在一定程度上通过增加 Web 服务器的方式来提升应用的处理能力了。接下来，我们来看一下数据库方面的变化。

2.2.5 数据读压力变大，读写分离吧

2.2.5.1 采用数据库作为读库

随着业务的发展，我们的数据量和访问量都在增长。对于大型网站来说，有不少业务是读多写少的，这个状况也会直接反应到数据库上。那么对于这样的情况，我们可以考虑使用读写分离的方式。

从图 2-14 中可以看到，我们在前面的结构上增加了一个读库，这个库不承担写的工作，只提供读服务。

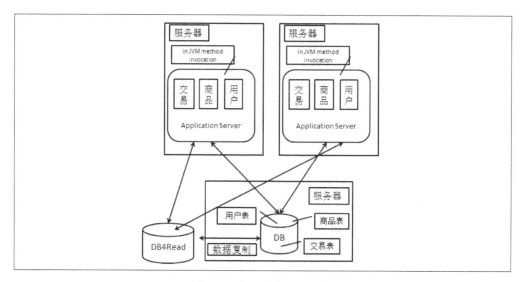

图 2-14 加入读库后的架构

这个结构的变化会带来两个问题：

- 数据复制问题。
- 应用对于数据源的选择问题。

我们希望通过读库来分担主库上读的压力，那么首先就需要解决数据怎么复制到读库的问题。数据库系统一般都提供了数据复制的功能，我们可以直接使用数据库系统的自身机制。但对于数据复制，我们还需要考虑数据复制时延问题，以及复制过程中数据的源和目标之间的映射关系及过滤条件的支持问题。数据复制延迟带来的就是短期的数据不一致。例如我们修改了用户信息，在这个信息还没有复制到读库时（因为延迟），我们从读库上读出来的信息就不是最新的，如果把这个信息给进行修改的人看，就会让他觉得没有修改成功。

不同的数据库系统有不同的支持。例如 MySQL 支持 Master（主库）+Slave（备库）的结构，提供了数据复制的机制。在 MySQL 5.5 之前的版本支持的都是异步的数据复制，会有延迟，并且提供的是完全镜像方式的复制，保证了备库和主库的数据一致性（这里是指不考虑延迟的影响时）。而在 MySQL 5.5 中加入了对 semi-sync 的支持，从数据安全性上来说，它比异步复制要好，不过从我们做读写分离的角度来看，还是存在着复制延迟的可能。再例如 Oracle，之前接触的主要是 Data Guard 方案，这个方案主要用于容灾、数据库保护以及故障恢复等场景，该方案在实施中又分为物理备库（物理 StandBy）和逻辑备库（逻辑 StandBy）。在 Oracle 10g 以前，物理备库是不可读的，但是物理备库保证了日志与主库的一致，是很强的数据保证的做法；而逻辑备库可以提供读服务，不过在有大量更新操作时，它会有非常明显的延迟。

前面描述了这么多，一方面是为了让大家简单了解数据库系统自身的一些支持，另一方面也是为了说明数据库系统层面提供的对数据复制的支持是相对有限的。后面在分布式数据访问层的章节会展开介绍这部分，并详细介绍笔者自己的一些经历。

对于应用来说，增加一个读库对结构变化有一个影响，即我们的应用需要根据不同情况来选择不同的数据库源。写操作要走主库，事务中的读也要走主库，而我们也要考虑到备库数据相对于主库数据的延迟。就是说即便是不在事务中的读，考虑到备库的数据延迟，不同业务下的选择也会有差异。

提到读写分离，我们更多地是想到数据库层面。事实上，广义的读写分离可以扩展到更多的场景。我们看一下读写分离的特点。简单来说就是在原有读写设施的基础上增加了读"库"，更合适的说法应该是增加了读"源"，因为它不一定是数据库，而只是提供读服务的，分担原来的读写库中读的压力。因为我们增加的是一个读"源"，所以需要解决向这个"源"复制数据的问题。

2.2.5.2　搜索引擎其实是一个读库

把搜索引擎列在这里可能出乎很多读者的意料。这里列出搜索引擎不是要讲与搜索相关的技术或方案，而更多的是要介绍大型网站的站内搜索功能。

以我们所举的交易网站为例，商品存储在数据库中，我们需要实现让用户查找商品的功能，尤其是根据商品的标题来查找的功能。对于这样的情况，可能有读者会想到数据库中的 like 功能，这确实是一种实现方式，不过这种方式的代价也很大。还可以使用搜索引擎的倒排表方式，它能够大大提升检索速度。不论是通过数据库还是搜索引擎，根据输入的内容找到符合条件的记录之后，如何对记录进行排序都是很重要的。

搜索引擎要工作，首要的一点是需要根据被搜索的数据来构建索引。随着被搜索数据的变化，索引也要进行改变。这里所说的索引可以理解为前面例子中读库的数据，只不过索引的是真实的数据而不是镜像关系。而引入了搜索引擎之后，我们的应用也需要知道什么数据应该走搜索，什么数据应该走数据库。构建搜索用的索引的过程就是一个数据复制的过程，只不过不是简单复制对应的数据。我们还是看一下引入搜索引擎之后的结构，如图 2-15 所示。

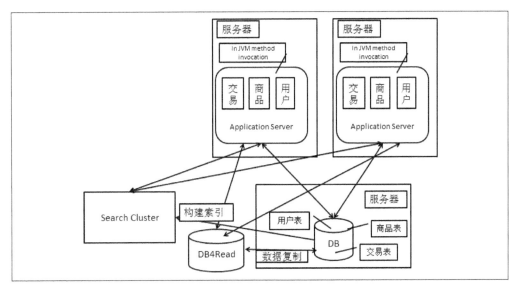

图 2-15　引入搜索引擎的结构

可以看到，搜索集群（Search Cluster）的使用方式和读库的使用方式是一样的。只是构建索引的过程基本都是需要我们自己来实现的。可以从两个维度对于搜索系统构建索引的方式进行划分，一种是按照全量/增量划分，一种是按照实时/非实时划分。全量方式用于第一次建立索引（可能是新建，也可能是重建），而增量方式用于在全量的基础上持续更新索引。当然，增量构建索引的挑战非常大，一般会加入每日的全量作为补充。实时/非实时的划分方式则体现在索引更新的时间上了。我们当然更倾向于实时的方式，之所以有非实时方式，主要是考虑到对数据源头的保护。

总体来说，搜索引擎的技术解决了站内搜索时某些场景下读的问题，提供了更好的查询效率。并且我们看到的站内搜索的结构和使用读库是非常类似的，我们可以把搜索引擎当成一个读库。

2.2.5.3 加速数据读取的利器——缓存

缓存，也就是我们常说的 Cache，来源于 1967 年的一篇电子工程期刊论文。缓存的概念在早期主要用于计算机硬件中，例如 CPU 的高速缓存、硬盘中的缓存等。

我们在这里不讨论这些硬件，而要讨论在大型网站里面起到缓存作用的一些系统，而且我们不是要介绍具体的系统，而是介绍缓存的一些用法，并看看缓存系统是否可以看做一个读库。

1．数据缓存

在大型网站中，有许多地方都会用到缓存机制。首先我们看一下网站内部的数据缓存。大型系统中的数据缓存主要用于分担数据库的读的压力，从目的上看，类似于我们前面提到的分库和搜索引擎。

如图 2-16 所示，可以看到缓存系统和搜索引擎、读库的定位是很类似的，缓存系统一般是用来保存和查询键值（Key-Value）对的。同样的，业务系统需要了解什么数据会在缓存中。缓存中数据的填充方式会有不同，一般我们在缓存中放的是"热"数据而不是全部数据，那么填充方式就是通过应用完成的，即应用访问缓存，如果数据不存在，则从数据库读出数据后放入缓存。随着时间的推移，当缓存容量不够需要清除数据时，最近不被访问的数据就被清除了。这种使用方式与前面分库的数据复制以及搜索引擎的构建索引的方式是不同的。不过还有一种做法与前面两种方式是类似的，那就是在数据库的数据发生变化后，主动把数据放入缓存系统中。这样的好处（相对于前面使用缓存的方式）是，在数据变化时能够及时更新缓存中数据，不会造成读取失效。这种方式一般会用于全数据缓存的情况。使用这种方式有一个要求，即根据数据库记录的变化去更新缓存的代码要能够理解业务逻辑。

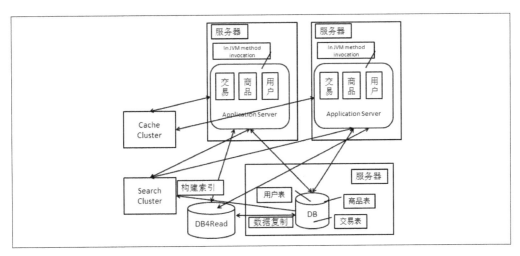

图 2-16 加入缓存后的结构

2．页面缓存

除了数据缓存外，我们还有页面缓存。数据缓存可以加速应用在响应请求时的数据读取速度，但是最终应用返回给用户的主要还是页面，有些动态产生的页面或页面的一部分特别热，我们就可以对这些内容进行缓存。ESI 就是针对这种情况的一个规范。从具体的实现上来说，可以采用 ESI 或者类似的思路来做，也可以把页面缓存与页面渲染放在一起处理，下面举个具体的例子来说明一下这两种做法的差别。

我们的系统使用 Java 技术构建 Web 服务，而在 Web 服务前端有 Apache/Nginx 服务器。

图 2-17 表示对于 ESI 的处理是在 Apache 中进行。Web 服务器产生的请求响应结果返回给 Apache，Apache 中的模块会对响应结果做处理，找到 ESI 标签，然后去缓存中获取这些 ESI 标签对应的内容，如果这些内容不存在（可能没有生成或者已经过期），那么 Apache 中的模板会通过 Web 服务器去渲染这些内容，并且把结果放入缓存中，用内容替换掉 ESI 标签，返回给客户的浏览器。这种方式的职责分工比较清楚。不过 Apache 的 ESI 模块总是要对响应结果做分析，然后进行 ESI 相关的操作。如果在 Web 服务器处理时就能够直接把 ESI 相关的工作做完会是一个更好的选择。

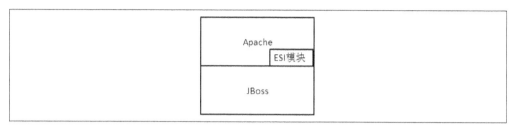

图 2-17 Apache 中的 ESI 模块

图 2-18 就是改进后的样子。Apache 中不再有 ESI 相关的功能了，而是在 Web 服务器中完成渲染及缓存相关的操作。这样的做法更高效，它把渲染与缓存的工作结合在了一起，而且这种做法只是看起来没有前一种方式分工清晰而已。

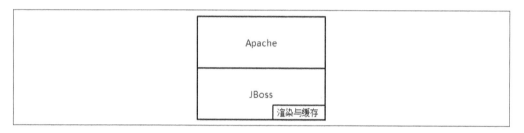

图 2-18 JBoss 中的 ESI 功能

对于使用缓存来加速数据读取的情况，一个很关键的指标是缓存命中率，因为如果缓存命中率比较低的话，就意味着还有不少的读请求要回到数据库中。此外，数据的分布与更新策略也需要结合具体的场景来考虑。从分布上来说，我们主要考虑的问题是需要有机制去避免局部的热点，并且缓存服务器扩容或者缩容要尽量平滑（一致性 Hash 会是不错的选择）。而在缓存的数据的更新上，会有定时失效、数据变更时失效和数据变更时更新的不同选择。

2.2.6 弥补关系型数据库的不足，引入分布式存储系统

在之前的介绍中用于数据存储的主要是数据库，但是在有些场景下，数据库并不是很合适。我们平时使用的多为单机数据库，并且提供了强的单机事务的支持。

除了数据库之外，还有其他用于存储的系统，也就是我们常说的分布式存储系统。分布式存储系统在大型网站中有非常广泛的使用。

常见的分布式存储系统有分布式文件系统、分布式 Key-Value 系统和分布式数据库。文件系统是大家所熟知的，分布式文件系统就是在分布式环境中由多个节点组成的功能与单机文件系统一样的文件系统，它是弱格式的，内容的格式需要使用者自己来组织；而分布式 Key-Value 系统相对分布式文件系统会更加格式化一些；分布式数据库则是最格式化的方式了。具体到分布式存储的实现，我们将在后续的章节探讨。

分布式存储系统自身起到了存储的作用，也就是提供数据的读写支持。相对于读写分离中的读"源"，分布式存储系统更多的是直接代替了主库。是否引入分布式系统则需要根据具体场景来选择。分布式存储系统通过集群提供了一个高容量、高并发访问、数据冗余容灾的支持。具体到前文提到的三个常见类，则是通过分布式文件系统来解决小文件和大文件的存储问题，通过分布式 Key-Value 系统提供高性能的半结构化的支持，通过分布式数据库提供一个支持大数据、高并发的数据库系统。分布式存储系统可以帮助我们较好地解决大型网站中的大数据量和高并发访问的问题。引入分布式存储系统后，我们的系统大概会是图 2-19 的样子。

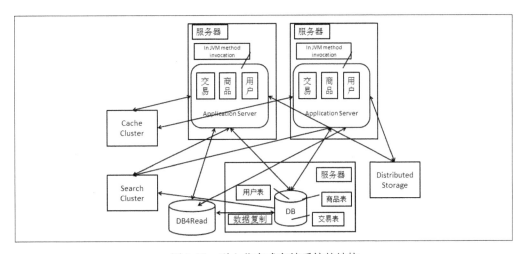

图 2-19　引入分布式存储系统的结构

2.2.7　读写分离后，数据库又遇到瓶颈

通过读写分离以及在某些场景用分布式存储系统替换关系型数据库的方式，能够降低主库的压力，解决数据存储方面的问题。不过随着业务的发展，我们的主库也会遇到瓶颈。我们的网站演进到现在，交易、商品、用户的数据还都在一个数据库中。尽管采取了增加缓存、读写分离的方式，这个数据库的压力还是在继续增加，因此我们需要去解决这个问题，我们有数据垂直拆分和水平拆分两种选择。

2.2.7.1　专库专用，数据垂直拆分

垂直拆分的意思是把数据库中不同的业务数据拆分到不同的数据库中。结合现在的例子，就是把交易、商品、用户的数据分开，如图 2-20 所示。

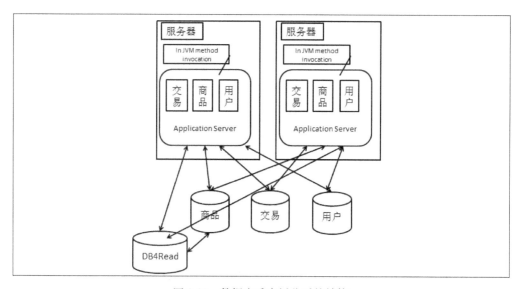

图 2-20　数据库垂直拆分后的结构

这样的变化给我们带来的影响是什么呢？应用需要配置多个数据源，这就增加了所需的配置，不过带来的是每个数据库连接池的隔离。不同业务的数据从原来的一个数据库中拆分到了多个数据库中，那么就需要考虑如何处理原来单机中跨业务

的事务。一种办法是使用分布式事务，其性能要明显低于之前的单机事务；而另一种办法就是去掉事务或者不去追求强事务支持，则原来在单库中可以使用的表关联的查询也就需要改变实现了。

对数据进行垂直拆分之后，解决了把所有业务数据放在一个数据库中的压力问题。并且也可以根据不同业务的特点进行更多优化。

2.2.7.2　垂直拆分后的单机遇到瓶颈，数据水平拆分

与数据垂直拆分对应的还有数据水平拆分。数据水平拆分就是把同一个表的数据拆到两个数据库中。产生数据水平拆分的原因是某个业务的数据表的数据量或者更新量达到了单个数据库的瓶颈，这时就可以把这个表拆到两个或者多个数据库中。数据水平拆分与读写分离的区别是，读写分离解决的是读压力大的问题，对于数据量大或者更新量的情况并不起作用。数据水平拆分与数据垂直拆分的区别是，垂直拆分是把不同的表拆到不同的数据库中，而水平拆分是把同一个表拆到不同的数据库中。例如，经过垂直拆分后，用户表与交易表、商品表不在一个数据库中了，如果数据量或者更新量太大，我们可以进一步把用户表拆分到两个数据库中，它们拥有结构一模一样的用户表，而且每个库中的用户表都只涵盖了一部分的用户，两个数据库的用户合在一起就相当于没有拆分之前的用户表。我们先来简单看一下引入数据水平拆分后的结构，如图 2-21 所示。

我们来分析一下水平拆分后给业务应用带来的影响。

首先，访问用户信息的应用系统需要解决 SQL 路由的问题，因为现在用户信息分在了两个数据库中，需要在进行数据库操作时了解需要操作的数据在哪里。

此外，主键的处理也会变得不同。原来依赖单个数据库的一些机制需要变化，例如原来使用 Oracle 的 Sequence 或者 MySQL 表上的自增字段的，现在不能简单地继续使用了。并且在不同的数据库中也不能直接使用一些数据库的限制来保证主键不重复了。

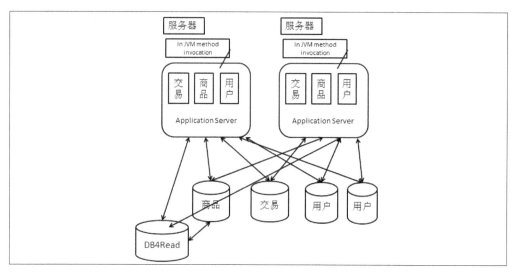

图 2-21　数据水平拆分后的结构

最后，由于同一个业务的数据被拆分到了不同的数据库中，因此一些查询需要从两个数据库中取数据，如果数据量太大而需要分页，就会比较难处理了。

不过，一旦我们能够完成数据的水平拆分，我们将能够很好地应对数据量及写入量增长的情况。具体如何完成数据水平拆分，在后面分布式数据访问层的章节中我们将进行更加详细的介绍。

2.2.8　数据库问题解决后，应用面对的新挑战

2.2.8.1　拆分应用

前面所讲的读写分离、分布式存储、数据垂直拆分和数据水平拆分都是在解决数据方面的问题。下面我们来看看应用方面的变化。

之前解决了应用服务器从单机到多机的扩展，应用就可以在一定范围内水平扩展了。随着业务的发展，应用的功能会越来越多，应用也会越来越大。我们需要考

虑如何不让应用持续变大，这就需要把应用拆开，从一个应用变为两个甚至多个应用。我们来看两种方式。

第一种方式，根据业务的特性把应用拆开。在我们的例子中，主要的业务功能分为三大部分：交易、商品和用户。我们可以把原来的一个应用拆成分别以交易和商品为主的两个应用，对于交易和商品都会有涉及用户的地方，我们让这两个系统自己完成涉及用户的工作，而类似用户注册、登录等基础的用户工作，可以暂时交给两系统之一来完成（注意，我们在这里主要是通过例子说明拆分的做法），如图 2-22 所示，这样的拆分可以使大的应用变小。

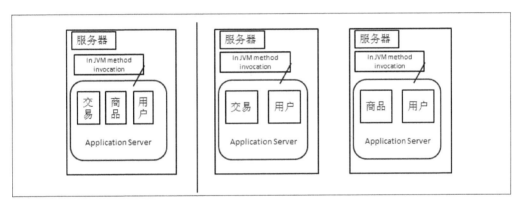

图 2-22　根据功能拆分应用

我们还可以按照用户注册、用户登录、用户信息维护等再拆分，使之变成三个系统。不过，这样拆分后在不同系统中会有一些相似的代码，例如用户相关的代码。如何能够保证这部分代码的一致以及如何对其复用是需要解决的问题。此外，按这样的方式拆分出来的新系统之间一般没有直接的相互调用。而且，新拆出来的应用可能会连接同样的数据库。

来看一个具体的例子，如图 2-23 所示。

我们根据业务的不同功能拆分了几个业务应用，而且这些业务应用之间不存在直接的调用，它们都依赖底层的数据库、缓存、文件系统、搜索等。这样的应用拆分确实能够解决当下的一些问题，不过也有一些缺点。

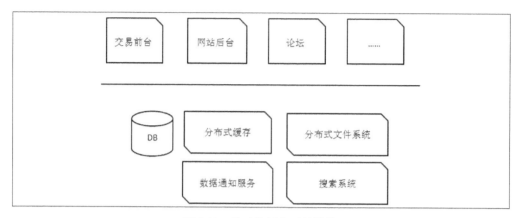

图 2-23   按功能拆分后的结构

2.2.8.2   走服务化的路

我们再来看一下服务化的做法。图 2-24 是一个示意图。从中可以看到我们把应用分为了三层，处于最上端的是 Web 系统，用于完成不同的业务功能；处于中间的是一些服务中心，不同的服务中心提供不同的业务服务；处于下层的则是业务的数据库。当然，我们在这个图中省去了缓存等基础的系统，因此可以说是服务化系统结构的一个简图。

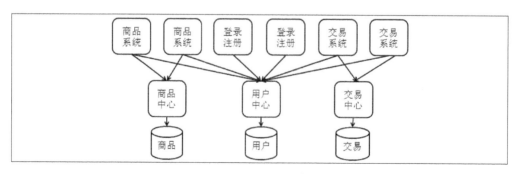

图 2-24   服务化结构

图 2-24 与之前的图相比有几个很重要的变化。首先，业务功能之间的访问不仅是单机内部的方法调用了，还引入了远程的服务调用。其次，共享的代码不再是散落在不同的应用中了，这些实现被放在了各个服务中心。第三，数据库的连接也发生了一些变化，我们把与数据库的交互工作放到了服务中心，让前端的 Web 应用更加注重与浏览器交互的工作，而不必过多关注业务逻辑的事情。连接数据库的任务交给相应的业务服务中心了，这样可以降低数据库的连接数。而服务中心不仅把一些可以共用的之前散落在各个业务的代码集中了起来，并且能够使这些代码得到更好的维护。第四，通过服务化，无论是前端 Web 应用还是服务中心，都可以是由固定小团队来维护的系统，这样能够更好地保持稳定性，并能更好地控制系统本身的发展，况且稳定的服务中心日常发布的次数也远小于前端 Web 应用，因此这个方式也减小了不稳定的风险。

要做到服务化还需要一些基础组件的支撑，在后面服务框架的章节我们会具体介绍。

2.2.9　初识消息中间件

最后我们来看一下消息中间件。维基百科上对消息中间件的定义为 "**Message-oriented middleware（MOM）** is software infrastructure focused on sending and receiving messages between distributed systems." 意思就是面向消息的系统（消息中间件）是在分布式系统中完成消息的发送和接收的基础软件。图 2-25 更直观地表示了消息中间件。

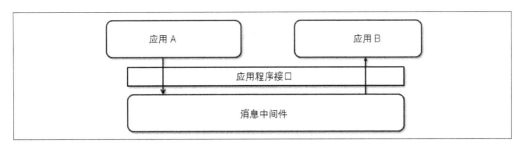

图 2-25　消息中间件

消息中间件有两个常被提及的好处，即异步和解耦。从图 2-25 中可以看到，应用 A 和应用 B 都和消息中间件打交道，而这两个应用之间并不直接联系。这样就完成了解耦，目的是希望收发消息的双方彼此不知道对方的存在，也不受对方影响，所以将消息投递给接收者实际上都采用了异步的方式。在后面消息中间件的章节（第 6 章）中会展开来讲相关内容。

2.2.10　总结

至此，我们通过一个例子来讲解了交易网站的架构演进。这里我必须要再强调一下，这只是一个例子，不是某个网站真实的演进过程，实际的网站演进过程与自身的业务和不同时间遇到的问题有密切关系，没有固定的模式。我们是希望通过这个例子向大家讲述可能遇到的问题类型和基本的解决思路。这些思路在具体的实现过程中都有更多的工作和选择要做。后面关于 Java 中间件的实践部分（第 3 章）会继续讲解一些更细节的内容。

最后，我们通过一张图来看看经过演进之后，我们的网站变成什么样子了，如图 2-26 所示。

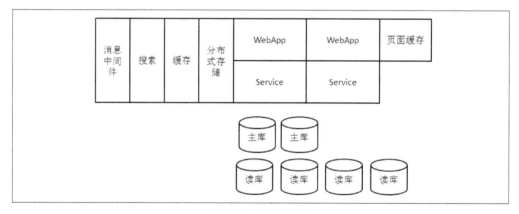

图 2-26　整体结构图

　　这比起最初的图 2-4 已经丰满了很多。在后面介绍 Java 中间件实践时，我们可以看到 Java 中间件在这个图上的位置。而在介绍完 Java 中间件实践以及构建大型网站的其他要素后，将会给出一张更完整的图。

第 3 章
构建 Java 中间件

3.1 Java 中间件的定义

上一章我们看到了一个用 Java 技术构建的网站从小到大的演进过程，在这个过程中，无论服务化、对数据库的读写分离和拆分处理还是消息系统，都会用到相关的中间件。这一章我们会了解构建 Java 中间件的一些基础知识，以及我们到底需要在大型网站中构建什么中间件产品。

从字面上看 Java 中间件的定义很简单，那就是基于 Java 技术构建的中间件。我们先抛开 Java，看一下什么是中间件。中间件的定义说简单很简单，说复杂也很复杂。在维基百科上是这样定义中间件的：In its most general sense, middleware is computer software that provides services to software applications beyond those available from the operating system. Middleware can be described as "software glue".Thus middleware is not obviously part of an operating system, not a database management system, and neither is it part of one software application. Middleware makes it easier for software developers to perform communication and input/output, so they can focus on the specific purpose of their application. 这段文字有些长，大意是中间件为软件应用提供了操作系统所提供的服务之外的服务，可以把中间件描述为"软件胶水"。中间件不是操作系统的一部分，不是数据库管理系统，也不是软件应用的一部分，而是能够让软件开发者方便地处理通信、输入和输出，能够专注在他们自己应用的部分。

这样描述有些冗长，我理解的中间件有些"不上不下"，中间件不是最上层的应用，也不是最底层的支撑系统，是处于"中间"位置的组件。中间件起到的是桥梁作用，是应用与应用之间的桥梁，也是应用与服务之间的桥梁。特定中间件是解决特定场景问题的组件，它能够让软件开发人员专注于自己应用的开发。

根据这样的定义去确定中间件的范围和种类还是比较困难的。在业界也没有达成共识的权威分类。本书在接下来的章节主要介绍的是下面三个领域的中间件。

- 远程过程调用和对象访问中间件：主要解决分布式环境下应用的互相访问问题。这也是支撑我们介绍应用服务化的基础。
- 消息中间件：解决应用之间的消息传递、解耦、异步的问题。
- 数据访问中间件：主要解决应用访问数据库的共性问题的组件。

这三个部分没有涵盖所有的中间件，不过我们也不准备把每个部分所有相关的内容都介绍清楚，而更多的是把与大型网站的具体问题相关的部分介绍清楚。之所以要介绍这三个部分的内容，就是因为它们与大型网站的发展演进有非常密切的关系。

3.2 构建 Java 中间件的基础知识

Java 中间件是解决特定问题域的一系列组件。我们接下来看一下和 Java 中间件关系比较密切的一些基础知识，这会帮助我们更好地理解 Java 中间件的构建。

3.2.1 跨平台的 Java 运行环境——JVM

首先要谈到的是 JVM，这是 Java 中间件运行的基础平台。这里的 JVM 是指具体要使用的 Java 虚拟机，而不是具体的规范或者某个运行的虚拟机实例。

要完成中间件功能可能不需要过多地去了解 JVM。我们了解 JVM 的主要目的是为了让我们的应用更加高效地工作，另外也是为了在遇到问题的时候能更加快速地定位和解决问题。

具体的 Java 虚拟机产品有多种，但都遵循同样的规范，具体规范请参考网址 -http://docs.oracle.com/javase/specs/jvms/se7/html/index.html。大家比较熟知的 Java 虚拟机产品应该是 Oracle Hotspot、IBM J9、Oracle JRockit 和 Microsoft JVM，其中 Hotspot 是 Sun 的产品，JRockit 是 BEA 的产品，由于这两家公司都被 Oracle 收购了，所以现在它们成为了 Oracle 的产品。此外，还有两个针对特定硬件平台的虚拟机——Azul VM 和 BEA Liquid VM。Azul Systems（Azul VM 所属的公司）还推出了 Zing VM，它是针对 x86 平台的，提供的性能接近 Azul VM 在专有的硬件 Vega 系统上的表现。在平时的应用中，Hotspot 应该是使用最广泛的一个虚拟机产品。

Java 诞生时的口号就是"write once, run anywhere"，而达到这个目标的关键点就是 Java 虚拟机。不同平台有不同的 Java 虚拟机，但是不同 Java 虚拟机所识别的是统一格式的中间代码，也就是我们常说的 Java Byte Code（Java 字节码），如图 3-1 所示。

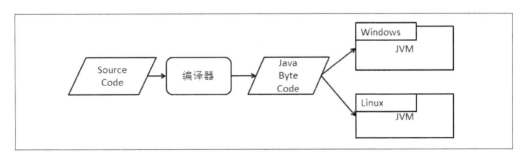

图 3-1 Java 从源码到运行的过程

从图 3-1 可以看到从源码到 Java 字节码再到具体不同平台 JVM 执行的过程。

JVM 是 Java Byte Code 的一个运行环境，JVM 的调优及运行时问题的定位处理也是非常重要的内容。本书不对这两部分展开介绍，建议读者参考相关的书籍或者资料进行了解。这里只提醒一句，没有一个万能的调优和问题定位处理方式，我们只能了解一些基本的原理和方式，然后根据每个系统的不同特点来进行不同的处理。

3.2.2 垃圾回收与内存堆布局

使用 Java 虚拟机不得不说的就是垃圾回收。Java 虚拟机是通过垃圾回收的方式来进行内存回收的，而不是类似 C/C++ 等语言那样通过代码显式地释放。在 C/C++ 中，在使用指针时需要非常关注内存相关的问题，一方面防止内存泄露，另外一方面防止使用已经释放的内存。而在 Java 虚拟机中，采用垃圾回收的方式使得我们可以主动释放内存，但是需要我们特别关注和了解垃圾回收。设置不同的垃圾回收方式及参数都会影响垃圾回收的效果，而这对网站产生的影响就在于系统的稳定性及单机的支撑能力方面，这也是我们需要特别关注的部分。

在 Java 虚拟机规范和 Java 语言规范中，并没有显式地提及垃圾回收的内容。不过，在 JVM 的指令集中，并没有提供类似 free/delete 这样的释放操作，所以我们不能显式地直接释放内存，而需要专门的垃圾收集器来完成垃圾回收的工作。

在不同的 Java 虚拟机产品中，内存中堆的布局是不完全一样的，采用的垃圾回收策略也不同。下面我们简单看一下三个常见的 Java 虚拟机产品中内存的堆布局。首先来看 Oracle Hotspot JVM 中内存的堆布局，如图 3-2 所示。

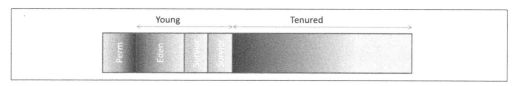

图 3-2　Oracle Hotspot JVM 内存堆布局

Oracle Hotspot JVM 中内存的堆布局是大家平时接触比较多的。从图 3-2 可以看到，有 Young/Tenured/Perm 三块区域，也就是我们常说的新生代/年老代/持久代。

一般来说，新的对象会被分配在新生代（Young）的 Eden 区，也有可能会被直接分配在年老代（Tenured）。在进行新生代垃圾回收的时候，Eden 区中存活的对象会被复制到空的 Survivor 区，而下次新生代垃圾回收的时候，Eden 区存活的对象和这个 Survivor 区中存活的对象会被复制到另外那个 Survivor 区，并且清空当前的 Survivor 区。经过多次新生代垃圾回收，还存活的对象会被移动到年老代。而年老代的空间也会根据一定的条件进行垃圾回收。

在 Hotspot 中，针对新生代提供了下面的 GC 方式：

```
串行 GC - Serial Copying
并行 GC - ParNew
并行回收 GC - Parallel Scavenge
```

针对年老代，有下面的 GC 方式：

```
串行 GC - Serial MSC
并行 MS GC - Parallel MSC
并行 Compacting GC - Parallel Compacting
并发 GC - CMS
```

在 Sun 的 Java 6 update 14 中，引入了 Garbage First（G1）回收器，G1 的目标是取代 CMS。

下面我们看一下 JRockit 中内存堆布局的情况，如图 3-3 所示。

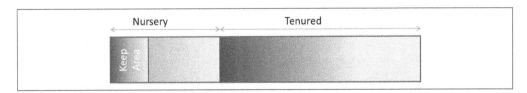

图 3-3　JRockit 内存堆布局

图 3-3 所示的是 JRockit 中分代的一种内存堆使用方式,Nursery 就相当于 Hotspot 中的 Young,其中的 Keep Area 区域可以使自己区域中的对象跳过下一次的 Young GC,也就是使得 Keep Area 区域的对象创建后,第二次 Young GC 时才会被 GC。JRockit 还有一种内存堆使用方式,那就是不对整个堆进行分代,直接作为一个完整连续的堆使用。

最后我们来看一下 IBM JVM 中内存堆布局的情况,如图 3-4 所示。

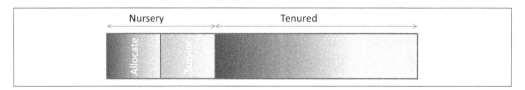

图 3-4　IBM JVM 内存堆布局

IBM JVM 的分代名称与 JRockit 是一样的,在 Nursery 中的 Allocate 和 Survivor 与 Hotspot 中的 Eden 和 Survivor 类似,只是 IBM JVM 中的 Survivor 只有一个。不过新生代垃圾回收的时候,也是从 Nursery 的一个区复制到另外一个区的。

对我们来说使用较多的还是 Oracle Hotspot JVM。建议读者多花时间去了解针对 Hotspot 的垃圾回收策略、设置和调优。

3.2.3　Java 并发编程的类、接口和方法

3.2.3.1　线程池

现在是多核的时代,面向多核编程非常重要,因此基于 Java 的并发和多线程开发非常重要。

首先要提到的就是线程池。与每次需要时都创建线程相比,线程池可以降低创建线程的开销,这也是因为线程池在线程执行结束后进行的是回收操作,而不是真

正销毁线程。我们可以看一下使用线程池和不使用线程池的区别。

我们在线程中完成一个很简单的工作，即产生一个随机整数，并且把这个随机整数加入到一个队列中。先来看使用线程池的代码：

```java
long startTime = System.currentTimeMillis();
final List<Integer> l = new LinkedList<Integer>();
ThreadPoolExecutor tp = new ThreadPoolExecutor(1, 1, 60, TimeUnit.
SECONDS, new LinkedBlockingQueue<Runnable>(count));
final Random random = new Random();
for(int i=0; i < count; i++){
    tp.execute(new Runnable(){
        @Override
        public void run() {
            l.add(random.nextInt());
        }
    });
}
tp.shutdown();
try {
    tp.awaitTermination(1, TimeUnit.DAYS);
}
catch (InterruptedException e) {
    e.printStackTrace();
}
System.out.println(System.currentTimeMillis() - startTime);
System.out.println(l.size());
```

接着看一下不用线程池而直接使用线程的代码：

```java
long startTime = System.currentTimeMillis();
final List<Integer> l = new LinkedList<Integer>();
final Random random = new Random();
for(int i=0; i < count; i++){
    Thread thread = new Thread(){
        @Override
        public void run(){
            l.add(random.nextInt());
        }
    };
    thread.start();
    try {
        thread.join();
    }
    catch (InterruptedException e) {
```

```
        e.printStackTrace();
    }
}
System.out.println(System.currentTimeMillis() - startTime);
System.out.println(l.size());
```

上面两种方式的差异在于，使用线程池的方式是复用线程的，而不使用线程池的方式是每次都要创建线程的。在同样执行 200 000 次的情况下，使用线程池的场景一共消耗了 120 毫秒，而没有使用线程池的场景则总共消耗了 18 852 毫秒。当然，线程中执行的工作很简单，所以创建线程的开销占整个时间的比例较大。

在 Java 中，我们主要使用的线程池就是 ThreadPoolExecutor，此外还有定时的线程池 ScheduledThreadPoolExecutor。需要注意的是对于 Executors. newCachedThreadPool() 方法返回的线程池的使用，该方法返回的线程池是没有线程上限的，在使用时一定要当心，因为没有办法控制总体的线程数量，而每个线程都是消耗内存的，这可能会导致过多的内存被占用。建议尽量不要用这个方法返回的线程池，而要使用有固定线程上限的线程池。

3.2.3.2　synchronized

synchronized 关键字可以用于声明方法，也可以用于声明代码块，我们分别看一下具体的场景。

第一个例子的代码如下，其中 foo1 和 foo2 是 SynchronizedDemo1 类的两个静态方法。在不同的线程中，这两个方法的调用是互斥的，不仅是它们之间，任何两个不同线程的调用也互斥。

```
public class SynchronizedDemo1 {
    public synchronized static void foo1(){

    }
    public synchronized static void foo2(){

    }
}
```

第二个例子代码如下，foo3 和 foo4 是 SynchronizedDemo2 的两个成员方法，在多线程环境中，调用同一个对象的 foo3 或者 foo4 是互斥的。与上一个例子的差别在于，这是针对同一个对象的多线程方法调用互斥。

```java
public class SynchronizedDemo2 {

    public synchronized void foo3(){

    }
    public synchronized void foo4(){

    }
}
```

第三个例子是用 synchronized 来修饰代码块，代码如下，这里需要注意的是 synchronized 后面会有一个参数，其实这个就是用于同步的锁所属的对象。

```java
public class SynchronizedDemo3 {
    public void foo5(){
        synchronized (this) {
        }
    }
    public void foo6(){
        synchronized (SynchronizedDemo3.class) {
        }
    }
}
```

在这个例子中 synchronized(this) 与 SynchronizedDemo3 中加 synchronized 的成员方法是互斥的，而 synchronized(SynchronizedDemo3.class) 与 SynchronizedDemo3 中加 synchronized 的静态方法是互斥的。synchronized 用于修饰代码块会更加灵活，因为除了前面的这个例子外，synchronized 后的参数可以是任意对象。

3.2.3.3 ReentrantLock

ReentrantLock 是 java.util.concurrent.locks 中的一个类，是从 JDK 5 开始加入的。ReentrantLock 的用法类似于修饰代码段的 synchronized，不过需要显式地进行 unlock，这是容易出错的地方，假如代码出现异常而导致没有 unlock，那就会出问题了。这么看来似乎用 synchronized 更安全。那为什么还会在 JDK5 增加这么一个类呢？原因有两个：

- ReentrantLock 提供了 tryLock 方法，tryLock 调用的时候，如果锁被其他线程持有，那么 tryLock 会立即返回，返回结果为 false；如果锁没有被其他线程持有，那么当前调用线程会持有锁，并且 tryLock 返回的结果是 true。
- 构造 ReentrantLock 对象的时候，有一个构造函数可以接收一个 boolean 类型的参数，那就是描述锁公平与否的函数。公平锁的好处是等待锁的线程不会饿死，但是整体效率相对低一些；非公平锁的好处是整体效率相对高一些，但是有些线程可能会饿死或者说很早就在等待锁，但要等很久才会得到锁。其中的原因是公平锁是严格按照请求锁的顺序来排队获取锁的，而非公平锁是可以抢占的，即如果在某个时刻有线程需要获取锁，而这个时候刚好锁可用，那么这个线程就会直接抢占，而这时阻塞在等待队列的线程则不会被唤醒。

此外，ReentrantLock 也提供了 ReentrantReadWriteLock，从名字上就可以看出是读写锁，主要用于读多写少并且读不需要互斥的场景。这样的场景使用读写锁会比使用全部互斥的锁的性能高很多。

下面列一下代码片段：

```
lock.lock();
try{
    //do something
}
finally{
    lock.unlock();
}
```

在获得锁之后，unlock 一般是放在 finally 中，以保证一定会释放锁。我们可以根据需要增加相应的 catch 块。tryLock 的写法类似，这里不再赘述。

ReentrantReadWriteLock 与 ReentrantLock 的用法很类似，差异是 ReentrantReadWriteLock

通过 readLock()和 writeLock()两个方法获得相关的读锁和写锁操作，而这两个锁也是按照前面的方式进行加锁和解锁操作。

3.2.3.4 volatile

之前提到了 synchronized 关键字，synchronized 除了有互斥的作用外，还有可见性的作用。可见性指的是在一个线程中修改变量的值以后，在其他线程中能够看到这个值。synchronized 保证了 synchronized 块中变量的可见性，而 volatile 则是保证了所修饰变量的可见性。volatile 是轻量级的实现变量可见性的方法，其具体使用也很简单，在变量前面增加 volatile 关键字就行了。因为 volatile 只是保证了同一个变量在多线程中的可见性，所以它更多是用于修饰作为开关状态的变量。

与 synchronized 及 ReentrantLock 等提供的互斥相比，volatile 只提供了变量的可见性支持。同一个变量线程间的可见性与多个线程中操作互斥是两件事情，操作互斥是提供了操作整体的原子性，千万不要混淆了。

我们通过一个例子来看一下：

```
int i1;          public int geti1() {return i1;}
volatile int i2; public int geti2() {return i2;}
int i3;          public synchronized int geti3() {return i3;}
```

代码中对于 geti1 的调用获取的是当前线程中的副本，这个值不一定是最新的值。对于 geti2，因为 i2 被修饰为 volatile，因此对于 JVM 来说这个变量不会有线程的本地副本，只会放在主存中，所以得到的值一定是最新的。而对于 geti3，因为有 synchronized 关键字修饰，保证了线程的本地副本与主存的同步，所以也会得到最新的值。上述对比是在读的层面。

我们接着看看写的情况。同样的，对于 seti1，当前线程在调用了 seti1 后会得到最新的 i1 值，而另外的线程获取不一定可以立刻看到最新的值。对于 seti2，则可以立刻在其他线程看到新的值，因为 volatile 保证了只有一份主存中的数据。对于 seti3，调用后必须在 synchronized 修饰的方法或代码块中读取 i3 的值才可以看到最新值，因为 synchronized 不仅会把当前线程修改的变量的本地副本同步给主存，还会从主存读取数据更新本地副本。

```
int i1;         public void seti1(int v) {i1=v;}
volatile int i2; public void seti2(int v) {i2=v;}
int i3;         public synchronized void seti3(int v) {i3=v;}
```

从上面的例子可以看出 volatile 和 synchronized 的效果是类似的，主要的差别在于 synchronized 还有互斥的效果。我们来看一个简单的例子：

```
volatile int count;
Hashtable<String, String> h = new Hashtable<String, String>() ;
public void addContent(String key, String value){
    if(count < 100){
        h.put(key, value);
        count++;
    }
}
```

上面的代码中，我们用 count 来计算当前进入 Hashtable 的总数，但是这段代码是有问题的。原因是 volatile 虽然解决了可见性的问题，但是不能控制并发，也就是多个线程同时执行 addContent 时会可能让 Hashtable 的元素数量超过 100。对于这一问题采用 synchronized 就可以解决了，因为 synchronized 保证了代码块的串行执行。

3.2.3.5　Atomics

在 JDK5 中增加了 java.util.concurrent.atomic 包，这个包中是一些以 Atomic 开头的类，这些类主要提供一些相关的原子操作。我们以 AtomicInteger 为例来看一个多线程计数器的场景。场景很简单，让多个线程都对计数器进行加 1 操作。我们一般可能会这样做：

```
public class Counter1 {
    private int counter = 0;
    public int increase(){
```

```
        synchronized (this) {
            counter = counter + 1;
            return counter;
        }
    }
    public int decrease(){
        synchronized (this) {
            counter = counter - 1;
            return counter;
        }
    }
}
```

而采用了 AtomicInteger 后，代码会变成下面的样子：

```
public class Counter2 {
    private AtomicInteger counter = new AtomicInteger();
    public int increase(){
        return counter.incrementAndGet();
    }
    public int decrease(){
        return counter.decrementAndGet();
    }
}
```

采用 AtomicInteger 之后代码变得简洁了，更重要的是性能得到了提升，而且是比较明显的提升，有兴趣的读者可以在自己的机器上进行测试。性能提升的原因主要在于 AtomicInteger 内部通过 JNI 的方式使用了硬件支持的 CAS 指令。

而在 java.util.concurrent.atomic 包中，除了 AtomicInteger 外，还有很多实用的类，具体使用方式可以参考相关的说明。

3.2.3.6 wait、notify和notifyAll

wait、notify 和 notifyAll 是 Java 的 Object 对象上的三个方法。顾名思义，wait 是进行等待的，而 notify 和 notifyAll 是进行通知的。在多线程中，可以把某个对象作为事件对象，通过这个对象的 wait、notify 和 notifyAll 方法来完成线程间的状态通知。notify 和 notifyAll 都是唤醒调用同一个对象 wait 方法的线程，二者的区别在于，notify 会唤醒一个等待线程（如图 3-5 所示），而 notifyAll 会唤醒所有的等待线程（如

图 3-6 所示)。

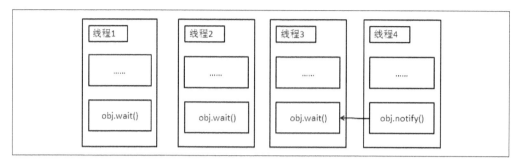

图 3-5 wait 与 notify

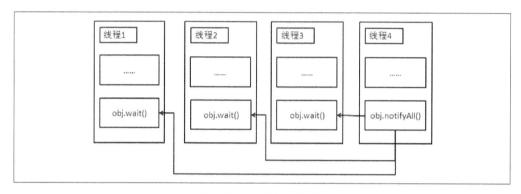

图 3-6 wait 与 notifyAll

图 3-5 的代码示例如下,wait 与 notifyAll 的情况与之类似。提醒一下,对 wait、notify 和 notifyAll 的调用都必须是在对象的 synchronized 块中。

```java
public void testWait() throws InterruptedException{
    synchronized (this) {
        this.wait();
    }
}
public void testNotify(){
    synchronized (this) {
        this.notify();
    }
}
```

在实践中，对 wait 的使用一般是嵌在一个循环中，并且会判断相关的数据状态是否到达预期，如果没有则会继续等待，这么做主要是为了防止虚假唤醒。

3.2.3.7　CountDownLatch

CountDownLatch 是 java.util.concurrent 包中的一个类。CountDownLatch 主要提供的机制是当多个（具体数量等于初始化 CountDownLatch 时的 count 参数的值）线程都到达了预期状态或完成预期工作时触发事件，其他线程可以等待这个事件来触发自己后续的工作。这里需要注意的是，等待的线程可以是多个，即 CountDownLatch 是可以唤醒多个等待的线程的。到达自己预期状态的线程会调用 CountDownLatch 的 countDown 方法，而等待的线程会调用 CountDownLatch 的 await 方法。从图 3-7 中我们能更容易地理解。

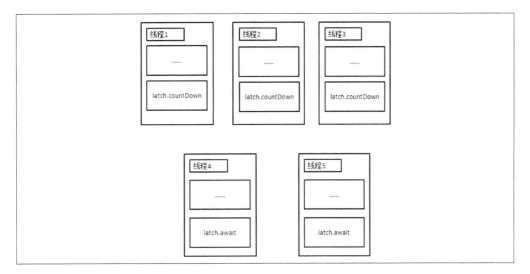

图 3-7　CountDownLatch

如图 3-7 所示，如果 CountDownLatch 初始化的 count 为 3，并且当线程 1、线程 2、线程 3 都完成了 latch.countDown 调用后，线程 4 和线程 5 会从 latch.await 返回，继续执行后面的代码。

如果 CountDownLatch 初始化的 count 值为 1，那么这就退化为一个单一事件了，即是由一个线程来通知其他线程，效果等同于对象的 wait 和 notifyAll。count 值大于 1 是常用的方式，目的是让多个线程到达各自的预期状态，变为一个事件进行通知，线程则继续自己的行为。而且这对于等待事件的线程是透明的，否则等待的线程就需要等待很多事件了。

我们来看一个具体的例子吧。假设我们使用一台多核的机器对一组数据进行排序，那么我们可以把这组数据分到不同线程中进行排序，然后合并；可以利用线程池来管理多线程；可以将 CountDownLatch 用作各个分组数据都排好序的通知。下面来看一下代码片段。

先看主线程：

```
int count = 10;
final CountDownLatch latch = new CountDownLatch(count);
int[] datas = new int[10204];
int step = datas.length / count;
for(int i=0; i < count; i++){
    int start = i * step;
    int end = (i+1) * step;
    if( i == count - 1) end = datas.length;
    threadPool.execute(new MyRunnable(latch, datas, start, end));
}

latch.await();
//合并数据
```

这里没有完整列出创建线程池及合并数据的代码。我们再看一下具体任务的代码，也就是 MyRunnable 的 run 方法的实现：

```
public void run() {
    //数据排序
    latch.countDown();
}
```

由于篇幅关系，这里没有列出数据排序的具体代码，只是为了让读者了解一下 CountDownLatch 的 countDown()方法的使用。

3.2.3.8　CyclicBarrier

CyclicBarrier，从字面理解是指循环屏障。CyclicBarrier 可以协同多个线程，让多个线程在这个屏障前等待，直到所有线程都到达了这个屏障时，再一起继续执行后面的动作。来看看图 3-8。

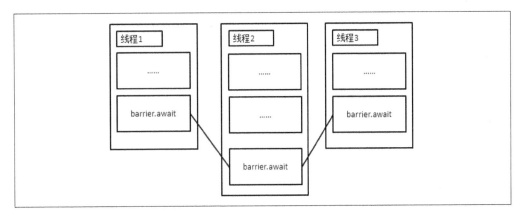

图 3-8　CyclicBarrier

图 3-8 的三个线程中各有一个 barrier.await，那么任何一个线程在执行到 barrier.await 时就会进入阻塞等待状态，直到三个线程都到了 barrier.await 时才会同时从 await 返回，继续后续的工作。此外，如果在构造 CyclicBarrier 时设置了一个 Runnable 实现，那么最后一个到 barrier.await 的线程会执行这个 Runnable 的 run 方法，以完成一些预设的工作。

我们看一下，如果把前面使用 CountDownLatch 的代码改为使用 CyclicBarrier 会怎样：

```
int count = 10;
final CyclicBarrier barrier = new CyclicBarrier(count + 1);
int[] datas = new int[10204];
int step = datas.length / count;
for(int i=0; i < count; i++){
    int start = i * step;
    int end = (i+1) * step;
```

```
        if( i == count-1) end = datas.length;
        threadPool.execute(new MyRunnable(barrier, datas, start, end));
    }
    barrier.await();
//合并数据
```

可以看到，构造 CyclicBarrier 对象传入的参数与构造 CountDownLatch 对象传入的参数值不同，前者比后者的参数大了 1。原因是构造 CountDownLatch 的参数的数值是调用 countDown 的数量，而 CyclicBarrier 的数量是 await 的数量。

来看一下工作线程的代码，与 CountDownLatch 的具体任务的代码很像，只是多了捕获异常的代码：

```
public void run() {
    //数据排序
    try {
        barrier.await();
    } catch (InterruptedException e) {
    } catch (BrokenBarrierException e) {
    }
}
```

CyclicBarrier 和 CountDownLatch 都是用于多个线程间的协调的。二者的一个很大的差别是，CountDownLatch 是在多个线程都进行了 latch.countDown 后才会触发事件，唤醒 await 在 latch 上的线程，而执行 countDown 的线程，执行完 countDown 后会继续自己线程的工作；CyclicBarrier 是一个栅栏，用于同步所有调用 await 方法的线程，并且等所有线程都到了 await 方法时，这些线程才一起返回继续各自的工作（因为使用 CyclicBarrier 的线程都会阻塞在 await 方法上，所以在线程池中使用 CyclicBarrier 时要特别小心，如果线程池的线程数过少，那么就会发生死锁了）。此外，CountDownLatch 与 CyclicBarrier 还有一个差别，那就是 CountDownLatch 不能循环使用，CyclicBarrier 可以循环使用。

3.2.3.9　Semaphore

Semaphore 是用于管理信号量的，构造的时候传入可供管理的信号量的数值。简单来说，信号量对象管理的信号就像令牌，构造时传入个数，总数就是控制并发的数量。我们需要控制并发的代码，执行前先获取信号（通过 acquire 获取信号许可），执行后归还信号（通过 release 归还信号许可）。每次 acquire 成功返回后，Semaphore 可用的信号量就会减少一个，如果没有可用的信号，acquire 调用就会阻塞，等待有 release 调用释放信号后，acquire 才会得到信号并返回。

如果 Semaphore 管理的信号量只有 1 个，那么就退化到互斥锁了；如果多于 1 个信号量，则主要用于控制并发数。与通过控制线程数来控制并发数的方式相比，通过 Semaphore 来控制并发数可以控制得更加细粒度，因为真正被控制最大并发的代码放到 acquire 和 release 之间就行了。

我们通过一个例子看一下 Semaphore 的使用，例如我们需要控制远程方法的并发量，超过并发量的方法就等待有其他方法执行返回后再执行，那么代码大概是这样的：

```
semaphore.acquire();
try{
    //调用远程通信的方法
}
finally{
    semaphore.release();
}
```

代码很简单，需要我们注意的仍然是 release 的调用。此外，acquire 和 release 是可以有参数的，参数的含义就是获取/返还的信号量的个数。

3.2.3.10 Exchanger

Exchanger，从名字上理解就是交换。Exchanger 用于在两个线程之间进行数据交换。线程会阻塞在 Exchanger 的 exchange 方法上，直到另外一个线程也到了同一个 Exchanger 的 exchange 方法时，二者进行交换，然后两个线程会继续执行自身相关的代码。

如图 3-9 所示的两个线程，无论谁先到达了 exchanger.exchange，都会等待另外一个线程也到达，然后交换数据，继续向下执行。

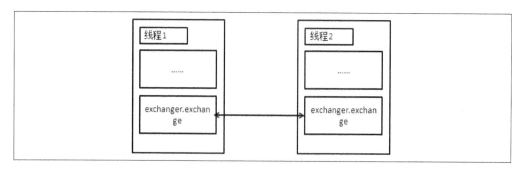

图 3-9　Exchanger

下面通过代码看一个具体的例子。假设有两个线程，线程 1 和线程 2，它们都有一个队列，我们在它们的队列中分别写入数据，然后线程交换队列，打印队列数据后结束。

```java
        final Exchanger<List<Integer>> exchanger = new Exchanger
<List<Integer>>();
        new Thread(){
            @Override
            public void run(){
                List<Integer> l = new ArrayList<Integer>(2);
                l.add(1);
                l.add(2);
                try {
                    l = exchanger.exchange(l);
                } catch (InterruptedException e) {
                    e.printStackTrace();
                }
                System.out.println("Thread1" + l);
            }
        }.start();
        new Thread(){
            @Override
            public void run(){
                List<Integer> l = new ArrayList<Integer>(2);
                l.add(4);
                l.add(5);
                try {
```

```
            l = exchanger.exchange(l);
        } catch (InterruptedException e) {
            e.printStackTrace();
        }
        System.out.println("Thread2" + l);

    }
}.start();
```

3.2.3.11 Future和FutureTask

Future 是一个接口，FutureTask 是一个具体实现类。我们这里先通过一个场景来看看几种不同的处理方式。

例如，现在通过调用一个方法从远程获取一些计算结果，假设有这样一个方法：

```
HashMap getDataFromRemote();
```

如果是最传统的同步方式使用，代码大概是这样的：

```
HashMap data = getDataFromRemote();
```

我们将一直等待 getDataFromRemote()的返回，然后才能继续后面的工作。这个函数是从远程获取数据的计算结果的，如果需要的时间很长，并且后面的那部分代码与这些数据没有关系的话，阻塞在这里等待结果就会比较浪费时间。那么我们有什么办法改进呢？

能够想到的办法就是调用函数后马上返回，然后继续向下执行，等需要用数据时再来用，或者说再来等待这个数据。具体实现起来有两种方式，一个是用 Future，另一个是用回调。

我们先来看一下 Future 该怎么用，代码如下：

```
Future<HashMap> future = getDataFromRemote2();
//do something
HashMap data = (HashMap) future.get();
```

可以看到，我们调用的方法返回的是一个 Future 对象（getDataFromRemote2 与 getDataFromRemote 是不同的），然后接着进行自己的处理，后面通过 future.get 来获取真正的返回值。也就是说，在调用了 getDataFromRemote2 后，就已经启动了对远程计算结果的获取，同时自己的线程还在继续处理，直到需要时再获取数据。我们看一下 getDataFromRemote2 的实现：

```
private Future<HashMap> getDataFromRemote2(){
    return threadPool.submit(new Callable<HashMap>() {
        public HashMap call() throws Exception {
            return getDataFromRemote();
        }
    });
}
```

可以看到，在 getDataFromRemote2 中还是使用了 getDataFromRemote 来完成具体操作，并且用到了线程池：把任务加入线程池中，把 Future 对象返回出去。我们调用了 getDataFromRemote2 的线程，然后返回来继续下面的执行，而背后是另外的线程在进行远程调用及等待的工作。

对于 Future 来说，除了刚才代码中的 get 方法外，还有一个带参数的 get 方法，用来设置 get 的等待时间，也就是进行超时设置，而不是一直等下去。

除了使用 Future 外，另一种具体实现方式是使用回调的方式来修改阻塞的调用。这里就不列出具体代码了，有兴趣的读者可以自己写一下。

FutureTask 是一个具体实现类，在前面例子中，ThreadPoolExecutor 的 submit 方法返回的是一个 Future 的实现，这个实现就是 FutureTask 的一个具体实例。FutureTask 帮助实现了具体的任务执行以及与 Future 接口中的 get 等方法的关联。FutureTask 除了帮助 ThreadPoolExecutor 很好地实现了对加入线程池的任务的 Future 支持外，也为我们提供了很大的便利，使得我们自己也可以实现支持 Future 的任务调度。

3.2.3.12　并发容器

在 JDK 中，有一些线程不安全的容器，也有一些线程安全的容器。并发容器是线程安全容器的一种，但是并发容器强调的是容器的并发性，也就是说不仅追求线程安全，还要考虑并发性，提升在容器并发环境下的性能。

加锁互斥的方式确实能够方便地完成线程安全，不过代价是降低了并发性，或者说就是串行了。而并发容器的思路是尽量不用锁，比较有代表性的是以 CopyOnWrite 和 Concurrent 开头的几个容器。CopyOnWrite 的思路是在更改容器的时候，把容器写一份进行修改，保证正在读的线程不受影响，这种方式用在读多写少的场景中会非常好，因为实质上是在写的时候重建了一次容器。而以 Concurrent 开头的容器的具体实现方式则不完全相同，总体来说是尽量保证读不加锁，并且修改时不影响读，所以会达到比使用读写锁更高的并发性能。关于支持并发的容器的各种具体实现，读者可以直接分析 JDK 中的源码。

3.2.4　动态代理

在 3.2.3 节中我们介绍了 Java 并发编程中的一些重要的类、接口及方法，这一节我们来看一下动态代理，这对后面讲中间件的实现是非常重要的基础。大家都比较熟悉程序设计中的代理模式，代理类与委托类具有同样的接口，代理类也有很多的实际应用。在具体实现上，有静态代理和动态代理之分。

静态代理方式是为每个被代理的对象构造对应的代理类，这种方式相对有些麻烦，例如我们有一个计算器的接口以及一个具体的实现：

```java
public interface Calculator {
    int add(int a, int b);
}
```

```java
public class CalculatorImpl implements Calculator {
    public int add(int a, int b) {
        return a + b;
    }
}

public class CalculatorProxy implements Calculator {
    private Calculator calculator;
    CalculatorProxy(Calculator calculator){
        this.calculator = calculator;
    }
    public int add(int a, int b) {
        // 具体执行前可以做的工作
        int result = calculator.add(a, b);
        // 具体执行后可以做的工作
        return result;
    }
}
```

在上面的代码中，我们定义了一个接口 Calculator、一个具体实现类 CalculatorImpl 和一个代理类 CalculatorProxy。在 CalculatorProxy 类的实现中，我们可以看到在 add 方法中调用了真正实现类的 add 方法，并且在调用真实方法之前和之后都有机会做一些工作，例如记录日志、记录执行时间等。这种方式看上去非常直接，实现也比较方便，不过存在一个问题，即如果需要对多个类进行代理，并且在代理类中的功能实现是一致的，那么我们就需要为每一个具体的类都完成一个代理类，然后重复地写很多类似的代码——这会非常麻烦。

使用动态代理可以帮助我们解除这种麻烦。动态代理是动态地生成具体委托类的代理类实现对象。与静态代理不同，动态代理并不需要为各个委托类逐一实现代理类，只需要为一类代理行为写一个具体的实现类就行了。例如，我们现在需要计算一些方法调用时间，如果用静态代理就需要为每个委托类都写一个代理类，而用动态代理则会非常简单。下面我们来看一个具体的例子，其中具体的实现类以及所实现的接口的写法与前面静态代理是相同的，我们来看一下不同的部分：

```java
public void testDynamicProxy() {
    Calculator calculator = new CalculatorImpl();
    LogHandler lh = new LogHandler(calculator);
    Calculator proxy = (Calculator) Proxy.newProxyInstance(calculator
            .getClass().getClassLoader(),
calculator.getClass().getInterfaces(),
                lh);
    proxy.add(1, 1);
}

public class LogHandler implements InvocationHandler {
    Object obj;
    LogHandler(Object obj) {
        this.obj = obj;
    }
    public Object invoke(Object obj1, Method method, Object[] args)
            throws Throwable {
        this.doBefore();
        Object o = method.invoke(obj, args);
        this.doAfter();
        return o;
    }
    public void doBefore() {
        System.out.println("do this before");
    }
    public void doAfter() {
        System.out.println("do this after");
    }
}
```

从上面的代码可以看到动态代理的使用方式及动态代理本身的实现。通过 Proxy.newProxyInstance 来创建代理的方法可以为不同的委托类都创建代理类。在具体的代理实现上，所给出的是通用的实现，被代理的方法调用都会进入 invoke 方法中，我们可以在 invoke 的内部做很多事情。从上面的代码可以看到，使用动态代理后，对于做同样事情的代理只需实现一遍，就可以提供给多个不同的委托类使用了。

3.2.5　反射

与动态代理一样，反射也是中间件实现的重要基础。反射是 Java 提供的非常方便而又强大的功能。Java 反射机制是指在运行状态中，对于任意一个类，都能够知道这个类的所有属性和方法；对于任意一个对象，都能够调用它的任意一个方法和属性。Java 反射机制主要提供了以下功能：在运行时判断任意一个对象所属的类；在运行时构造任意一个类的对象；在运行时判断任意一个类所具有的成员变量和方法；在运行时调用任意一个对象的方法；生成动态代理。

Java 的反射机制为 Java 本身带来了动态性，是一个非常强大的工具，能够让代码变得更加灵活。Java 的反射机制使得 Java 语言可以在运行时去认识在编译时并不了解的类/对象的信息，并且能够调用相应的方法并修改属性值。反射的技术对于后面实现通用的远程调用的框架有非常大的帮助。

我们下面来看看各种反射用法的示例。

1. 获取对象属于哪个类

```
Class clazz = object.getClass();
```

获取对应的类非常简单，一行代码就可以了。而拿到具体的 Class 对象-clazz 后就可以做很多工作了。

2. 获取类的信息

```
String className = clazz.getName();              //获取类的名称
Method[] methods = clazz.getDeclaredMethods();   //获取类中定义的方法
Field[] fields = clazz.getDeclaredFields();      //获取类中定义的成员
```

上面的代码只是通过 Class 对象获取类信息的部分代码，通过 Class 对象可以获取更丰富的内容，根据具体场景中的需求去完成代码就可以了。

3. 构建对象

```
Class.forName("ClassName").newInstance();
```

上面的这行代码是创建对象的一种方式。可以看到与平时的 new XXX()完全不同，在这里，"ClassName"字符串可以用一个变量代替，也就是运行时才知道要构建的对象的类是什么，而不是像 new XXX()那样进行硬编码。这正是动态性的体现。

此外，需要注意的是通过 newInstance 调用来构造对象时，要求被构造的对象的类一定要有一个无参数的构造函数，否则会抛出异常。而接下来看到的动态执行方法除了可以执行普通方法外，也可以调用构造函数，这也是构建对象的一种方式。

4．动态执行方法

```
Method method = clazz.getDeclaredMethod("add", int.class, int.class);
method.invoke(this, 1, 1);
```

上面的代码是调用对象的方法的例子，主要分为两个步骤，首先获取方法（Method）对象本身，然后调用 Method 的 invoke 方法。相对于调用类的静态方法，差别在于 Method 的 invoke 方法的第一个参数可以直接传 null。

5．动态操作属性

```
Field field = clazz.getDeclaredField("name");
field.set(this, "Test");
```

操作属性的方式与调用方法非常类似，需要先获取 Field 对象，然后通过 set 方法来设置属性值，通过 get 方法来获取属性值。如果是属于类的静态属性，那么 set 和 get 方法的第一个参数可以直接设置为 null。

除了 Java 自身提供的动态代理和反射的支持外，字节码增强也是经常会用到的技术，并且有一些第三方的库可以直接使用。比较常见的有 Javassist（http://www.javassist.org）、cglib（http://cglib.sourceforge.net）、asm（http://asm.ow2.org）和 bcel（http://commons.apache.org/bcel/），读者可以到这几个网站上了解具体知识，其他很多网站上也有非常多的介绍和具体例子，读者可以自行查询。

3.2.6　网络通信实现选择

网络通信在分布式系统和大型网站中非常重要，Java 中间件系统也要与网络通信打交道。在第 1 章关于分布式系统的基础知识中，我们介绍过网络通信的知识，主要介绍了三个模型：BIO、NIO 和 AIO。在 1.4 版本的 JDK 中，增加了对 NIO 的支持；在 1.7 版本的 JDK（也就是 Java SE 7）中，增加了对 AIO 的支持。Java 对于 NIO 和 AIO 的支持让我们能够更好地进行网络通信的服务端的开发。

在具体的开发中，我们可以直接使用 JDK 提供的 API 进行开发，也可以选择一些其他框架来简化工作，例如 MINA、Netty 等。此外，一个非常重要的内容就是协议的制定，我们将在后面服务框架的章节进行介绍。网络通信的具体示例代码这里就不提供了，感兴趣的读者可以自己尝试实现一下。

3.3 分布式系统中的 Java 中间件

在前面的小节中，我们介绍了构建 Java 中间件的相关基础知识，在第 2 章中，我们也通过一个例子看到了网站从小到大的演进中会遇到的问题。再来回顾一下大型网站架构演进的最后一个图，如图 3-10 所示。

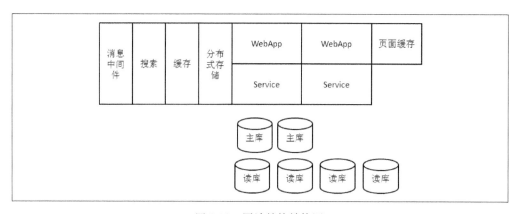

图 3-10 网站整体结构图

根据第 2 章的讲述，我们知道在网站的演进过程中，一些非常重要的变化包括应用的拆分、服务的拆分、数据的拆分和应用的解耦。而在大型网站中要具体完成这样的工作，就需要对应的中间件产品来应对和解决相应问题。

前面我们提到过中间件的范畴是很广泛的，后面章节要介绍的中间件是指用来支撑网站从小到大的变化过程中解决应用拆分、服务拆分、数据拆分和应用解耦问题的产品。服务框架帮助我们对应用进行拆分，完成服务化；数据层则帮助我们完成数据的拆分以及整个数据的管理、扩容、迁移等工作；消息中间件帮助我们完成应用的解耦，并向我们提供一种分布式环境下完成事务的思路。

如果把将要介绍的中间件系统放到图 3-10 所示的网站结构图中，则会成为图 3-11 所示的样子。我们先从这幅概要图看一下全景，然后再具体介绍每一部分的内容。

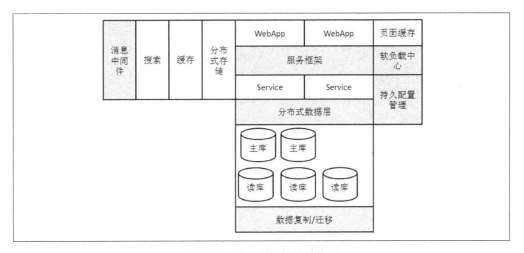

图 3-11　引入中间件的结构图

如图 3-11 所示，在 WebApp 和 Service 之间，我们通过服务框架解决了集群间的通信问题；在应用和数据库之间，我们通过分布式数据层让应用可以方便地访问已被分库分表的数据库节点；数据复制/迁移帮助我们更好地根据业务需求完成数据的分布；另外，软负载中心和持久配置管理是两个不太直接被业务系统使用但却起到了很好的支撑作用的系统。

在本书接下来的几章中，我们将一起看一下这几个 Java 中间件产品的具体设计和实现。

第 4 章
服务框架

在本书接下来的几章中，我们将一起学习支撑大型网站的 Java 中间件产品的具体设计和实现。我们从解决应用服务化问题的服务框架开始说起。

4.1 网站功能持续丰富后的困境与应对

图 4-1 所示的是网站结构的一个示意图，很多网站都会经历或正处于这样的阶段。这个结构相对简单，网站的业务功能集中在几个大应用上，而且这些应用都直接访问底层的服务，例如数据库、缓存、分布式文件系统、搜索引擎等。

应该说这样的结构很清晰并足够解决问题。笔者在加入淘宝的时候，淘宝网大概也是这样的结构，而且在当时很好地支撑了每日一亿元的成交额和百万笔的订单。随着压力的上升，我们更多想到的是增加应用服务器的数量，但是这给数据库的连接数带来了比较大的压力。此外，随着网站规模的扩大，开发人员逐渐增多，于是每个应用都在变得复杂、臃肿——在多个应用中会有重复的代码，甚至在一个应用中，由于多人维护加上平时小需求的快速开发，也有一些代码冗余。这样的状况影响了整体的研发效率，并且对稳定性也造成了一定的影响。

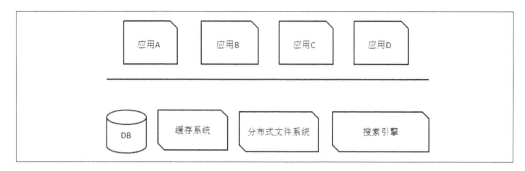

图 4-1　网站结构示意图

　　在这样的情况下，我们想到的一个方法，就是把应用拆小，保持每个应用都不那么大。具体有两种实现方案。

　　图 4-2 所示的方案与我们当时的架构是一样的，是把随着时间推移而变得复杂、庞大的应用拆成了多个（图示是从 4 个拆成了 6 个）。这样做的好处是能够相对较快地完成，但是仍然存在一些问题。一方面是数据库的连接数的压力还在，另一方面是在这些系统之间会存在一些重复的代码。例如，在一个电子商务网站中，可能会把商品管理、交易管理等功能分在不同的系统中，而这两个系统都会调用与用户相关的功能，那么在图 4-2 所示结构下，这两个系统就需要将用户功能的相关代码分别写一遍，这就造成代码重复了。当然也有使用共享库的方式，但是应用起来不太方便。

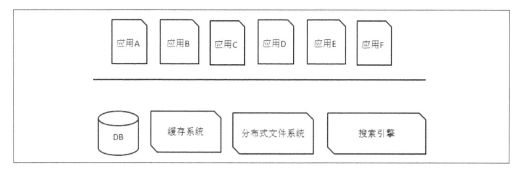

图 4-2　根据功能拆分应用

接下来看另外一个方案，如图 4-3 所示。

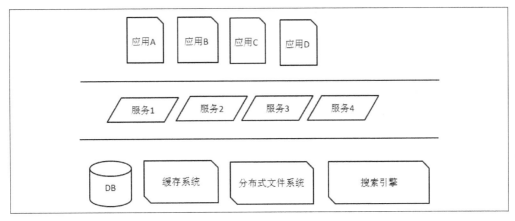

图 4-3　服务化方案

这就是所谓的服务化方案，我们在原来的应用和底层的数据库、缓存系统、文件系统等系统之间增加了服务层。图 4-3 只是一个示意图，真正实施中的服务可能是多层的，服务之间也会有相互的访问，这是需要加以管理的，后面讲服务治理时会提到。

上述两种方案笔者都实际遇到过。在最初的阶段一般会采用第一种方案，因为第一种方案在小范围实现的成本较低，并且整体上也非常容易把控，并没有引入很多新内容。此外在第一种方案中，应用和应用之间很少直接交互，更多的是通过 URL 跳转。而第二种方案，就是所谓的服务化方案，使得系统看起来更立体了，应用之间有了直接的访问。而这也会带来很多问题，诸如围绕应用和应用之间访问等问题，这些问题细化下去又包含了很多的方面，我们会在后面一一道来。

服务化的方式也会带来很多好处，首先从结构上看，系统架构更为清晰了，比之前更立体了。从稳定性上看，一些散落在多个应用系统中的代码也变成了服务，并由专门的团队进行统一维护，这一方面可以提高代码质量[1]，另一方面由于核心的相对稳定，修改和发布次数会减少，这也会提高稳定性[2]。最后，更加底层的资源统一由服务层管理，结构更加清晰，也更利于提高效率。

服务化的方式对于研发也会产生一些影响。以前的研发模式是由几个比较大的团队去负责几个很大的应用，然后这几个应用就构成了整个网站的应用。而随着服务化的进行，我们的应用数量会有飞速增长，加上有服务框架的支持，调用远程服务会变得简单，而系统内部的依赖关系会变得错综复杂。服务化的方式会让多个规模不大的团队专注在某个具体的服务或者应用上，以这种方式来应对和解决问题。

4.2　服务框架的设计与实现

本节我们来介绍支持服务化的服务框架的设计与实现。

4.2.1　应用从集中式走向分布式所遇到的问题

要把单层 Web 应用的结构改为多层的、有服务层的结构时，很多人不会直接做一个通用的服务框架，而是为当前要用的服务做一个 RPC 的功能，为服务使用者提供相关的客户端。事实上，当所提供服务的集群多于一个时，通用的服务框架就非常重要了。

在没有服务化之前，应用都是通过本地调用的方式来使用其他组件的。服务化会使得原来的一些本地调用变为远程调用。对于这种改变，研发人员最关心的是提高易用性以及降低性能损失这两方面。

---

1 现在由专人维护，而以前是很多的人维护很多代码。
2 之前会随着应用系统一起发布，并且应用系统的频繁改动会可能造成某些服务代码也被修改。

我们先通过一张图来看一下服务框架要解决的问题，如图 4-4 所示。

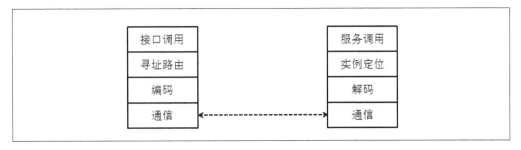

图 4-4　服务框架要解决的问题

从图 4-4 可以看出，将原来在单机的单个进程中的一个方法调用分散到两个节点上要经过好几个步骤。

在做服务框架时，我们需要用到的最基础的知识是网络通信相关的知识，相信很多读者在学习编程时都对网络通信有浓厚的兴趣，会尝试 Socket 通信等相关的技术实现[3]。这些是我们自己来做服务框架的基础，也是图 4-4 中通信部分的实现基础。

单机单进程的方法（函数）调用其实就只需要把程序计数器指向相应的入口地址，而在多机之间，我们需要对调用的请求信息进行编码，然后传给远程的节点，解码后再进行真正的调用。这也是图 4-4 中提到的编码/解码过程。寻址路由是用来让调用方确定哪个实例被调用的，实例定位是指在被调用的机器上找到对应的实例来进行方法调用，从而实现功能。

4.2.2　透过示例看服务框架原型

细心的读者会发现图 4-4 并不完整，它只是体现了从一端到另外一端的请求，没有包括响应的处理，而且看起来调用端和服务端是不对称的。其实，服务框架应该

---

3 笔者在学校的时候也学习过使用 Socket 进行 TCP/IP 的开发。一般就是完成一个客户端和一个服务端的通信，例如发送一段文本信息，对方收到后自动原样反馈，或者是通过控制台的输入返回一个结果。

是既包含调用端逻辑又包含服务端逻辑的一个实现，也就是说虽然我们在每次的请求中是分了调用端角色和服务端角色，但是从应用来看都是可以提供和调用服务的。这样描述可能有点抽象，下面我们用一个具体的例子来说明这个过程。

4.2.2.1　单机方式

假设我们需要提供一个计算器的功能。按照单机程序的做法，我们可以实现一个计算器的类，然后直接使用，代码大概如下：

```
public class Calculator {
    public int add(int a, int b){
        return a + b;
    }

    public int minus(int a, int b){
        return a - b;
    }

}
```

接着是使用计算器的代码：

```
public static void test1(){
        Calculator calculator = new Calculator();
        System.out.println(calculator.add(1, 1));
}
```

关于计算器对象的构建方式，我们在这里是直接新建了一个（通过 new 的方式），而在一些更加正式的系统中，更多的是采用类似 Spring IoC 的方式将一个实例注入到具体使用的地方。具体的代码这里不再列出。

4.2.2.2　实现远程服务的调用客户端

我们接下来想看的就是，如果要把这个本地的计算器的方法调用变成一个远程服务，应该怎么办?

在开始之前，我们先做一个简单的事情：把 Calculator 的接口抽象出来，然后把实现独立。也就是下面这段代码：

```java
public interface Calculator {
    int add(int a, int b);

    int minus(int a, int b);
}

public class CalculatorImpl implements Calculator{
    public int add(int a, int b){
        return a + b;
    }

    public int minus(int a, int b){
        return a - b;
    }
}
```

接下来我们从调用端开始看。

首先，我们希望调用者使用计算器服务的方式与目前的用法一样。那么，我们需要重新实现 Calculator 这个接口。

```java
public int add(int a, int b){

    //获取可用服务地址列表
    List<String> l = getAvailableServiceAddresses("Caluctor.add");

    //确定要调用服务的目标机器
    String address = chooseTarget(l);

    //建立连接
    Socket s = new Socket(address);

    //请求的序列化
    byte[] request = genReqeust(a, b);

    //发送请求
    s.getOutputStream().write(request);

    //接收结果
    byte[] response = new byte[10240];
    s.getInputStream().read(response);
```

```
//解析结果
int result = getResult(response);

return result;
}
```

为了说明问题，我们用伪代码（可能连伪代码都算不上）来说明关键的步骤。上面的这段代码是我们重新改写的 Calculator 接口的 add 方法的实现。

我们分部分来看一下：

```
//获取可用服务地址列表
List<String> l = getAvailableServiceAddresses("Caluctor.add");
//确定要调用服务的目标机器
String address = chooseTarget(l);
```

首先根据要调用的服务名称来获取提供服务的机器的地址列表，并且从可用的服务地址列表中选择一个要调用的目标机器。

大家可以回忆一下第 1 章中控制器的部分，其中提到了在分布式系统中的几种控制方式，这段代码完成的就是类似的工作。如果我们采用的是在请求发起方和服务提供方中间有 LVS 或硬件负载均衡的方案，那么 getAvailableServiceAddresses 返回的就是 LVS 或硬件负载均衡的地址和端口，并且 chooseTarget 其实就会直接反馈这个地址端口号。

如果我们使用名称服务的方式，那么在 getAvailableServiceAddresses 中返回的就是当前可用服务的地址列表。需要注意的是参数 "Calculator.add"，我们就是用它的值来定位服务的，也就是用它来告诉名称服务要找的是哪个服务。一般来说，这个用来做 key 的服务名字会直接采用接口的全名，也就是说在实践中更多的是采用 "org.vanadies.chapter4.Calculator" 来作为要查找的服务名称，具体到如何对服务命名、服务的粒度如何，就需要读者在自己的实践当中来确定了。笔者习惯于使用"完整的类名+版本号"作为定位服务的 key。从名称服务返回可用的服务列表后，会通过 chooseTarget 选择这次调用的具体目标，也就是在这个过程中完成了负载均衡的工作。

在第 1 章讲控制器时，还提到了规则服务器的方式，这种方式和名称服务的方式很类似，只是特性略有不同，一般规则服务器的方式更多地运用在有状态的场景。像数据这种状态要求很高的场景，或者缓存这种尽量要有状态的场景，都会用到规则服务器的方式来解决寻址的问题。在无状态的服务场景中，则不太用规则服务器的方式来处理。

上面提到了三种控制方式，笔者在实践中主要是用第二种方式，也就是在请求发起方和服务提供方之间直连的方式，没有再加入物理设备（必要的网络设备除外）。在这种方式下，原来在 LVS 或者硬件负载均衡上的工作被分摊到了服务框架和名称服务两个地方来完成。关于名称服务，我们会在第 5 章重点讲述，这里姑且先把它当做一个黑盒子吧。

至此我们已经完成了对寻址和路由的介绍，接下来的事情应该是读者比较熟悉的了——我们需要构造请求的数据包，并进行通信。

构造请求数据包其实就是把对象变为二进制数据，也就是常说的序列化（熟悉 COM 的读者应该知道这个过程就是 marshalling），而使用 Java 的读者都知道，Java 本身的序列化就可以把对象转为二进制数据，并且使用起来是非常简单的，我们可以直接使用 Java 序列化来完成编码的工作。

接着就是通信本身。我们可以通过 Socket 来简单地做一个实现，把 Java 序列化以后的数据发送过去。

这样我们就完成了一次调用的发起。请求数据发送结束后，需要等待远程服务的执行以及结果的返回，收到结果后，我们可以对数据进行 Java 反序列化（假设我们采用的是 Java 序列化），然后得到执行的结果。

4.2.2.3　实现服务端

接下来，我们需要大概看一下在服务实现端应该怎么做。

```java
public class EventHandler {

    public static class Request {
        public Socket socket;
        public String serviceName;
        public String serviceVersion;
        public String methodName;
        public Object[] args;

    }

    public static void eventHandler(){
        while(true){
            byte[] requestData = receiveRequest();
            Request request = getRequest(requestData);

            Object service = getServiceByNameAndVersion(request.
serviceName, request.serviceVersion);

            Object result = callService(service, request.methodName,
request.args);

            byte[] data = genResult(result);
            request.socket.getOutputStream().write(data);
        }
    }
}
```

上面的代码属于伪代码。在服务端，我们必然会有一个真正实现计算器功能的类，这个类其实和之前单机单进程版本里面的实现是一样的，这里就不列出代码了。而我们真正关心的是如何处理好远程过来的请求以及如何调用这个具体的实现类（CalculatorImpl）。

对于服务端，我们需要在启动后就进行监听，上面的代码没有列出这个部分的初始化过程。我们还是先看重点。

重点在于我们需要持续地接收请求并进行处理，而且对于收到的数据也需要一个反序列化的过程以得到对象本身。而从 Request 对象的定义中可以看到我们最关心的几个元素，包括服务的名称、服务的版本号、需要调用的方法名称及参数，以及调用的连接。上面的代码以 Socket 对象说明。

当我们拿到请求的对象后，需要在本地定位具体提供的服务，也就是上面代码里的 getServiceByNameAndVersion，具体实现上，我们会有一个服务注册表，是根据名称和版本号对服务实例进行的管理。关于其中的对应关系，我们一般是在启动时构建初始值，并且提供运行时的修改，可以说是动态发布了服务。

在得到具体的服务实例之后，接下来主要就是进行服务调用了，这一般是通过反射的方式来实现，即得到服务实例具体方法的执行结果后，把需要返回给调用方的结果序列化为二进制数据，并且通过网络写回给请求发送端。

至此，我们看到了一次服务请求、处理、结果返回的过程。当然，上面给出的代码主要是希望读者能够理解这个过程本身，而不是为了展示一个真实服务框架的代码。如果读者能够按照上文给出的思路把具体的代码完成，那么可以说一个自己的服务框架就算搭建好了。

4.2.3 服务调用端的设计与实现

接下来，我们详细看一下服务调用端（也称为客户端）的具体设计与实现。先来整理一下刚才看到的服务请求过程中服务调用的工作，如图 4-5 所示。图 4-5 展示了从发送请求到收到响应的过程中，请求发送端所经过的主要环节。接下来我们对每个环节来进行具体介绍。

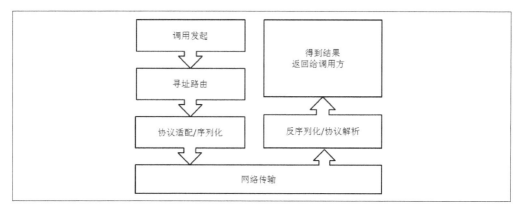

图 4-5 服务调用端具体工作

4.2.3.1 确定服务框架的使用方式

我们的第一个问题是如何在客户端引入和使用服务框架。

从前面的章节我们看到，进行远程服务调用时，可以采用中间放置代理服务器的方式，也可以通过正在介绍的直连的方式。要进行远程调用，就要求在调用端有一个客户端的程序来完成相关工作。笔者在刚开始进行服务化时，需要同时把两个重要的业务变成远程服务，当时做得比较土：两个服务都有自己的客户端，并且采用的通信方式、协议、实现都不同——这在当时没有什么问题（当时其中一个系统是在做通用的方案，不过由于两个系统的改造同时进行，所以最后出来了两种实现），不过不是一个统一实现就相当于每个系统都要自己实现一遍，这样成本太高了。这也是我们需要一个服务框架的通用实现的原因。

1. 从代码角度看如何使用服务框架

客户端的引入或者说应用程序对于客户端的使用就是我们首先需要解决的问题。大多数使用 Java 来进行开发的系统都会用 Spring 来作为组件的容器，开发人员也都熟悉 Spring 的配置，所以通过 Spring 的方式引入是一个常见的方式。而作为服务框架，在请求发起端会提供通用的 Bean，如同下面的例子。

假设我们有一个计算器的服务，名字是 org.vanadies.CalculatorImpl，那么在 Spring 中，我们通常这样进行配置：

```
<bean id="calculator" class="org.vanadies.CalculatorImpl" >
</bean>
```

这是关于一个 Spring Bean 的最简单的配置，那么通过 Spring 引入服务框架进行远程调用的配置该怎么做呢？下面给出一个参考（实际情况会因做服务框架时所选择的实现方式而不同）：

```
<bean id="calculator" class="org.vanadies.ServiceFramework.ConsumerBean" >
    <property name="interfaceName">
      <value>org.vanadies.Calculator</value>
    </property>
    <property name="version">
      <value>1.0.0</value>
    </property>
    <property name="group">
      <value>Test</value>
    </property>
</bean>
```

上面代码给出了一个简单版本的服务框架的配置，通过配置可以看到，我们实现了一个 ConsumerBean，它是一个通用的对象，是完成本地和远程服务的桥梁。而且，因为 Java 有动态代理的支持，所以我们在完成远程调用时，使用一个通用的对象就可以解决问题了，而不需要像很多语言那样，需要通过类似 IDL（Interface Description Language，接口描述语言）的方式定义，然后生成代理存根代码，再分别与调用端和被调用端一起编译。我们接着看一下配置的属性，对于一个具体的服务框架的实现，从落地到完善的过程中会有很多控制点，这些控制点可以作为属性来配置，也可以通过一些方式集中管理，这是后话。我们先看三个相对基础的属性。

- interfaceName

接口名称，通过名字可以知道这个属性设置的就是接口的名字。我们知道在面向对象的开发中都是通过接口（也包括对象）来调用相应的方法的，那么，在进行远程通信时 ConsumerBean 必须知道被调用的接口是哪一个，然后才能生成对这个接口的代理，以供本地调用，所以这是一个必备的属性。

- version

版本号。设置了接口名称就具备了可以进行远程调用的最基础属性，不过在实际的场景中，接口是存在变化的可能性的，有的是因为实现代码本身重构的原因，也有的是因为业务的发展变化需要修改接口中已有方法的参数或者返回值，以满足新的要求。如果直接这样变化，那就要求所有使用的地方一起修改，一起升级，这在一个大型的分布式系统（网站）中代价是非常高的。解决这个问题的方式有两种，一是如果需要修改方法的参数或返回值，我们就新增一个方法，始终保持已有方法不变，不过这样的做法，会在过渡期间（新旧方法都有人用时）导致代码相对臃肿，并且新方法其实是不好起名字的；另一种方案就是通过版本号进行区分隔离，我们这里的版本号属性就是用来解决这个问题的。

- group

分组。在这里讲这个属性可能稍微有点靠前，不过后面还会再进行较详细的解释。在这里讲分组属性的好处是，如果对同一个接口的远程服务有很多机器，我们可以把这些远程服务的机器归组，然后调用者可以选择不同的分组来调用，这样就可以将不同调用者对于同一服务的调用进行隔离了。

前面列出的这三个属性是笔者根据自己做服务框架的经验选出来的比较基础的三个。在实际中，根据具体的需求，我们可能需要控制远程调用的超时，可能需要选择不同的调用方式（这在后面会讲到），可能需要对不同方法进行不同的控制等。

2．运行期服务框架与应用和容器的关系

通过上面的例子我们可以看到，服务框架的接入也就涉及了比较常规的 Spring 的方式，当然，你也可以通过代码的方式来实现。这看起来很简单，不过在实际中

有两个很重要的问题需要解决，一是服务框架自身的部署方式问题，二是实现自己的服务框架所依赖的一些外部 jar 包与应用自身依赖的 jar 包之间的冲突问题。

先来看第一个问题：服务框架自身的部署方式问题。一种方案是把服务框架作为应用的一个依赖包并与应用一起打包。通过这种方式，服务框架就变为了应用的一个库，并随应用启动。存在的问题是，如果要升级服务框架，就需要更新应用本身，因为服务框架是与应用打包放在一起的；并且服务框架没有办法接管 classloader，也就不能做一些隔离以及包的实现替换工作。

另外一种方案是把服务框架作为容器的一部分，这里是针对 Web 应用来说的，而 Web 应用一般用 JBoss、Tomcat、Jetty 等作为容器，我们就要遵循不同容器所支持的方法，把服务框架作为容器的一部分。例如，针对 JBoss，我们可以通过 MBean 实现服务框架的启动，将其部署为一个 sar 包来为应用提供服务。然而有的情况下应用不需要容器（不是 Web 应用，或者不使用现有容器），那么，服务框架自身就需要变为一个容器来提供远程调用和远程服务的功能。

通过图 4-6 至图 4-8，我们能够比较好地看到服务框架与应用容器及应用的关系。图 4-6 所示是服务框架作为 Web 应用的一个依赖包的情况；图 4-7 所示是服务框架作为 Web 容器的扩展而存在的情况，也可以看到它与 Web 应用的关系；图 4-8 所示是不使用 Web 容器，把服务框架作为容器来部署应用的情况。

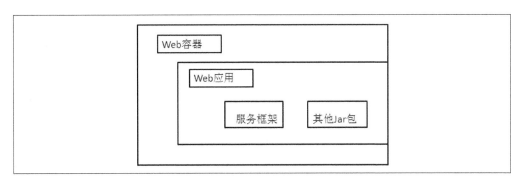

图 4-6　服务框架作为 Web 应用的扩展

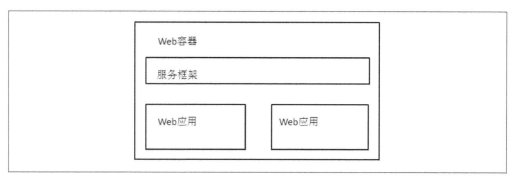

图 4-7 服务框架是 Web 容器的一部分

图 4-8 服务框架本身作为容器

接着我们来看一下 Jar 包冲突的问题。

使用 Java 的读者都知道，通过 Java 做一个应用时，一般都会用到多个 jar 包，这些 jar 包可能是别人（第三方，一般是写公共的库）提供的，也可能是我们自己做的，而这些 jar 包本身可能又会用到（依赖）另一些 jar 包。那么，最终可能产生这样的情况：这些直接、间接依赖的 jar 包导致应用里面同一个 jar 包有不同的版本，例如打印日志使用 log4j，可能就有 1.1.14 和 1.2.9 两个版本，这样就会产生冲突。

ClassLoader 是 Java 中一项非常关键的技术，它的结构如图 4-9 所示。我们看到用户自定义（User-Defined Class Loader）Class Loader 的部分有多个，并且是有机会进行隔离的，而我们采用的也是类似的方式：将服务框架自身用的类与应用用到的类都控制在 User-Defined Class Loader 级别，这样就实现了相互间的隔离。Web 容器对于多个 Web 应用的处理，以及 OSGi 对于不同 Bundle 的处理都采用了类似的方法。

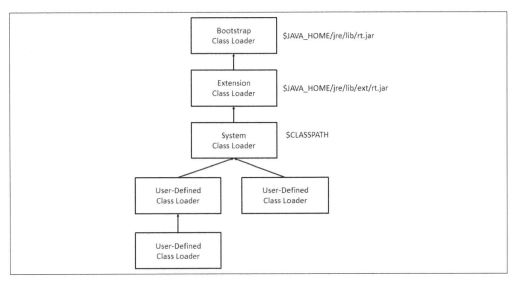

图 4-9 ClassLoader 结构

此外，我们在实际中还会遇到需要在运行时统一版本的情况，那就需要服务框架比应用优先启动，并且把一些需要统一的 jar 包放到 User-Defined Class Loader 所公用的"祖先"ClassLoader 中。

4.2.3.2　服务调用者与服务提供者之间通信方式的选择

到这里，我们大体介绍了服务框架与应用之间的集成和关系，以及引入服务框架的方式上需要注意的问题，并且也看到了服务框架的使用方式。应该说使用起来还是非常容易的，这也是服务框架的目标之一，即尽量把远程服务的使用做得和本地服务类似，当然没有办法一模一样，因为远程服务需要一些额外的属性配置，此外，考虑到网络及远程服务器的问题，在调用方法的异常处理上也有所不同。这些都是很细节的问题，就留给读者思考或在具体实现的过程中去应对了。

在具体的调用发起时其实是调用了ConsumerBean为具体接口产生的一个动态代理对象。该动态代理对象被调用后会进行如同服务请求方的（图 4-5 中所示的）处理，要完成寻址等工作。

那么，我们接下来就看一下寻址路由相关的处理。

我们使用服务框架是为了把本地对象之间的方法调用变为远程的过程调用（RPC，Remote Procedure Call），这就涉及了远程通信的问题。相信很多学习计算机的读者在学会了基础的代码编写后，都对网络通信的开发很感兴趣，笔者也是这样的。

1．远程通信遇到的问题

图 4-10 所示的问题是大家在做网络编程时需要解决的第一个问题，就是两台机器之间怎样通信的问题。很多人都写过类似远程 Echo 的例子或者是两台机器进行文本对话的例子，但在图 4-10 所示的两台机器连接的情况下，一般都是写死在程序中或者是输入了一个 IP 地址和端口号，这就是最初的路由寻址的过程。

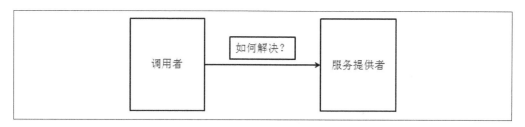

图 4-10　调用者与服务提供者通信问题

而在实际当中，提供某种服务的机器一定是多台的，是一个集群，而且调用服务的机器也是集群，因此需要解决的是图 4-11 所示的问题，如下。

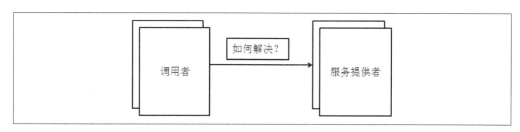

图 4-11　调用者集群与服务提供者集群通信问题

2．采用透明代理与调用者、服务提供者直连的解决方案

在前面，我们提到了有两种方式进行远程服务调用，第一种是通过中间的代理来解决，结构如图 4-12 所示。

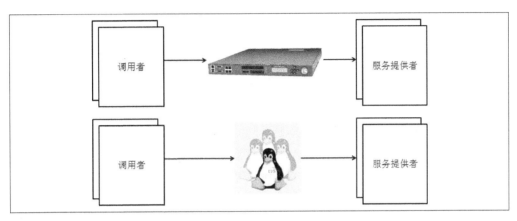

图 4-12　采用透明代理

这和第 1 章介绍的控制器的结构是一样的，它也是控制器在服务框架中的一个应用场景。而我们这里的服务框架的设计采用的是另一种控制方案，如图 4-13 所示。

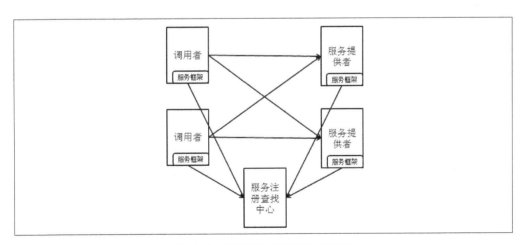

图 4-13　调用者与服务提供者直连

图 4-13 展示了服务框架在系统中的位置，可以看到集群到集群间的远程调用中并没有在调用链路中放置一个物理的代理机器，而是采用了调用者和提供者直接建立连接的方式，并且引入了一个服务注册查找中心的服务。我们在这里先不过多讨论具体通信的部分，暂且把服务注册查找中心当成一个黑盒子，先来重点看一下寻址和路由。

通过图 4-13 我们看到服务注册查找中心并不处在调用者和服务提供者之间，服务注册查找中心对于调用者来说，只是提供可用的服务提供者的列表，这有点像日常生活中类似 114 的查号服务。不过出于效率的考虑，我们并不是在每次调用远程服务前都通过这个服务注册查找中心来查找可用地址，而是把地址缓存在调用者本地，当有变化时主动从服务注册查找中心发起通知，告诉调用者可用的服务提供者列表的变化。

当客户端拿到可用的服务提供者的地址列表后，如何为当次的调用进行选择就是路由要解决的问题了。我们在这里首先要考虑的就是集群的负载均衡。具体到负载均衡的实现上，随机、轮询、权重是比较常见的实现方式，其中权重方式一般是指动态权重的方式，可以根据响应时间等参数来进行计算。在服务提供者的机器能力对等的情况下，采用随机和轮询这两种方式比较容易实现；在被调用的服务集群的机器能力不对等的情况下，使用权重计算的方式来进行路由比较合适。关于具体的负载均衡的策略，可以参考硬件负载均衡设备以及 LVS、HAProxy 等替代硬件负载均衡设备的系统所支持的策略，不过需要注意的是，因为服务框架设计的结构不同，所以不是所有硬件负载均衡支持的策略都适用于我们这个方案。

4.2.3.3　引入基于接口、方法、参数的路由

介绍完基础的寻址和路由，我们再来深入研究一下基于接口、方法、参数的路由。在实际的场景中，一般会用接口作为服务的粒度，也就是说一个服务就是指一个接口的远程实现，当然某个接口所承载的职责需要根据具体的业务和系统来决定。一般情况下，在一个集群中会提供多个服务，而每个服务又有多个方法，因此除了

前面介绍的基础的负载均衡策略外,我们还有更加细粒度地控制服务路由的需求。

我们先通过图 4-14 来看一下具体结构。

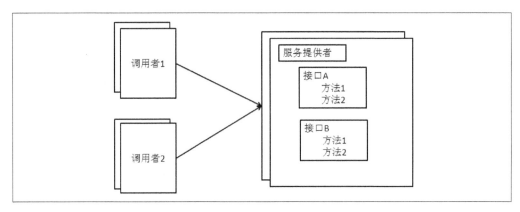

图 4-14 调用者与服务提供者

我们看到两组调用者集群(调用者 1 和调用者 2)都依赖于服务提供者所提供的服务,这个服务提供者有两个服务——接口 A 和接口 B,每个服务又分别提供了两个方法。从功能上来说,这个结构已经没有什么问题了,我们下面看一个实际的场景。

在我们的实现中,服务提供者在执行调用者的请求时,内部的线程模型是一个线程对应一个请求,而总的线程数量有一个限制(一般采用线程池来管理所有的工作线程)。当系统运行时,如果并发请求量比较大,可能所有工作线程已经全部在工作了,如果这时又有新的请求进来就需要排队,当然,这些都是非常正常的逻辑。但是如果这个服务提供者的某个方法是一个很慢的方法,会出现什么情况呢?

假设图 4-14 中接口 A 的方法 1 是一个比较慢的方法(即执行时间明显长于其他方法的执行时间,例如其他方法的执行时间在 50ms 左右,而这个方法需要 5 秒左右),而调用者对这两个接口的所有方法调用的频率相差不多,那就有可能出现所有线程都被这个接口 A 的方法 1 所占用的情况。从图 4-15 中能够更清楚地看到这个过程。

在图 4-15 中,IA 表示接口 A,IB 表示接口 B,m1 表示方法 1,m2 表示方法 2,

为了能够让读者看得更清楚，我们给每次请求加了一个编号，编号是针对同一个接口的同一个方法的，例如 IA.m1_1 表示在这个服务提供者机器上 IA 接口的 m1 方法的第一次调用。

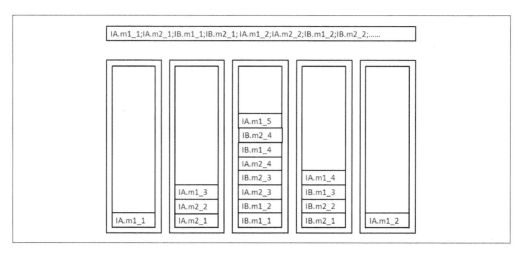

图 4-15　服务的方法被调用的具体场景

　　假设服务提供者的系统上有 5 个工作线程，并且到这个服务提供者机器上的请求是按照图 4-15 所示的顺序进来的（就是按照 IA.m1 → IA.m2 → IB.m1 → IB.m2 的顺序），从图中我们可以很直观地看出来，因为 IA.m1 方法的执行时间非常长，所以我们的线程很快就都陷入了执行 IA.m1 方法的状态，之后再进来的请求就都需要排队等待，而且等待的时间是非常长的。该怎么办呢？

　　从图 4-15 中可以看出来，之所以等待是因为我们的线程不够多了，那么我们可以增加线程数，不过单机可以设置的线程数总是有限的，因此可以考虑增加机器数，这样可以减少分到每个机器上的请求数。这种思路就是增加可执行的线程总数来保证在实际运行的过程中总是有可用线程提供服务，但是这种思路不太经济也不太可控。实际中计算需要的线程总数是很困难的事情，从系统可用性和经济性的角度考虑的话，控制这些慢的方法对正常情况的影响是比较合理的思路。第一种思路是增加资源保证系统的能力是超出需要的，第二种思路是隔离这些资源，从而使得快慢不同、重要级别不同的方法之间互不影响。

从客户端的角度来说，控制同一个集群中不同服务的路由并进行请求的隔离是一种可行方案。也就是说，虽然集群中每台机器部署的代码是一样的，提供的服务也是一样的，但是通过路由的策略，我们让其中对于某些服务的请求到一部分机器，让另一些服务的请求到另一部分机器，则看起来是图 4-16 所示的结构。

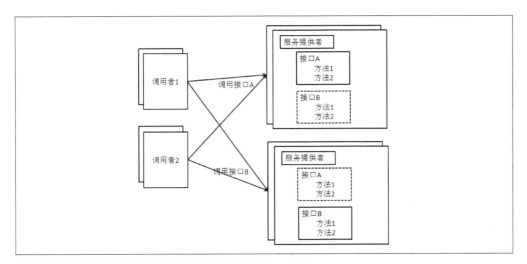

图 4-16　基于接口的请求路由

在图 4-16 中，我们采用的方案是通过客户端的路由把调用服务 A 的请求送到图中右上方的集群，把调用服务 B 的请求送到图中右下方的集群。而这两个集群的代码其实是完全一样的，是客户端的路由导致了请求的分流。在具体实现上，我们一般采用的方式是把路由规则进行集中管理（后面的章节会介绍规则集中管理的服务），在具体调用者端的服务框架上获取规则后进行路由的处理，具体来说是根据服务定位提供服务的那个集群的地址，然后与接口路由规则中的地址一起取交集，得到的地址列表再进行接下来的负载均衡算法，最终得到一个可用的地址去进行调用。

讲到这里，读者会发现，基于接口的路由并没有解决接口 A 的方法 1 太慢所带来的问题，如果按照上面例子的假设，基于接口路由保证了接口 B 的方法 1 和方法 2

的调用不会受到接口 A 的方法 1 的影响,而接口 A 的方法 2 还是会受到接口 A 的方法 1 的影响。要解决这个问题,我们就需要把路由的规则做得更加细致一点,可以基于接口的具体方法来进行路由。该方式的原理与基于接口路由的原理是一样的,只是在通过接口定位到服务地址列表后,根据接口加方法名从规则中得到一个服务地址列表,再和刚才的地址列表取交集。支持方法的路由就可以解决这个例子中的问题了。

沿着这个思路继续思考,既然可以基于接口、方法进行路由,那么还可以基于参数进行路由。基于参数进行路由的实现方式和上面的方法类似,而且代码并不难,但在具体应用中用得较少,因为一般到基于方法的路由就够用了。需要对一些特定参数进行特殊处理(例如针对不同用户的特别处理等)的情况才会使用基于参数的路由。

4.2.3.4 多机房场景

每个机房都有自己的容量上限,如果网站的规模非常大,那就需要多个机房了。机房之间的距离和分工决定了我们应该采用什么样的架构和策略,在这一小节中,我们主要讲距离比较近的同城机房的情况(远程的异地机房情况非常复杂,由于篇幅原因就不在此介绍了)。

我们回忆一下 4.2.3.2 节中的一张结构图,如图 4-17 所示。

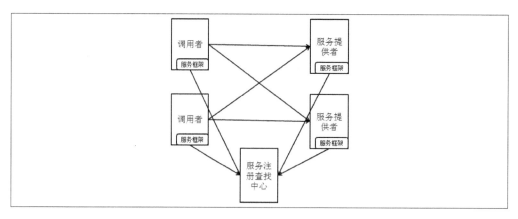

图 4-17 调用者与服务提供者直连

图 4-17 中只表述了调用者、服务提供者和服务注册查找中心之间的关系，没有显示机房的观念。如果我们在同城距离不太远的两个机房中部署应用和服务，会是什么样的结构呢？如图 4-18 所示。

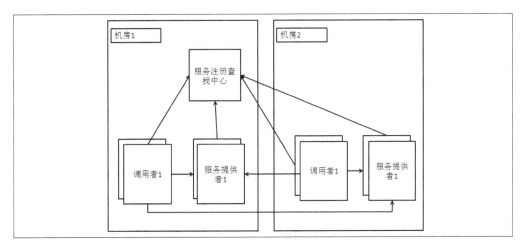

图 4-18 双机房示例

我们先不考虑服务注册查找中心的集群化处理，先来重点看一下调用者和服务提供者在多机房的情况。到现在为止，如果不做任何处理，服务注册查找中心会把服务提供者 1 的所有机器看做是一个集群，尽管它们分布在两个机房。这样，分布在两个机房的调用者 1 就会对等地看待分布在不同机房的服务提供者 1 的机器。同城机房之间一般都采用光纤直接连接，带宽足够大，延迟也可以接受，但是，如果能够避免跨机房调用，就能提升系统稳定性，把机房间的带宽用于必要的场景，将会是一个更好的实现。

有两种方案可以实现这个想法，一是在服务注册查找中心做一些工作，通过它来甄别不同机房的调用者集群，给它们不同服务提供者的地址。另一种方式是这里要详细介绍的，即通过路由来完成，大概思路是，服务注册查找中心给不同机房的调用者相同的服务提供者列表，我们在服务框架内部进行地址过滤，过滤的原则（如何识别机房）一般是基于接口等路由规则进行集中配置管理。在具体实践中，一方面需要考虑两个甚至多个机房的部署能力是否对等，也就是说通过路由使服务都走本地的话，负载是否均衡。此外还有一个异常的情况需要考虑，即如果某个机房的服务提供者大面积不可用，而另外机房的服务提供者是正常运营并且有余量提供服务，那么应该如何让服务提供者大面积不可用的机房的调用者调用远程的服务呢，这是需要面对和解决的问题。

在实际中，每个机房的网段是不同的，这可以帮助我们区分不同的机房。在多机房中还有一个可能遇到的问题：未必每个机房都是对称的（指既有服务调用者又有相应的服务提供者），尤其在机房很多时，这个问题会更加明显。这时，我们可以考虑采用虚拟机房的概念，也就是不以物理机房为单位来做路由，而是把物理上的多个机房看做一个逻辑机房来处理路由规则，当然，也有可能是把一个物理机房拆成多个逻辑机房，具体需要根据业务和应用的特点来做出处理。

4.2.3.5 服务调用端的流控处理

在具体工程实践中会有很多异常的情况，因此在处理完正常功能后，还有很多为了应对异常和可运维而需要做的事情。流量控制（简称流控）保证系统的稳定性，我们这里说的流控是加载到调用者的控制功能，是为了控制到服务提供者的请求的流量。

一般来说，我们有两种方式的控制，一种是 0-1 开关，也就是说完全打开不进行流控；另一种是设定一个固定的值，表示每秒可以进行的请求次数，超过这个请求数的话就拒绝对远程的请求了。那些被流量控制拒绝的请求，可以直接返回给调用者，也可以进行排队。

那么我们基于什么维度来进行控制呢？一般来说会从下面两个维度去考虑。

- 根据服务端自身的接口、方法做控制，也就是针对不同的接口、方法设置不同的阈值，这是为了使服务端的不同接口、方法之间的负载不相互影响。
- 根据来源做控制，也就是对于同样的接口、方法，根据不同来源设置不同的限制，这一般用在比较基础的服务上，也就是在多个集群使用同样的服务时，根据请求来源的不同级别等进行不同的流控处理。

4.2.3.6 序列化与反序列化处理

学完了路由和流控就意味着我们可以找到要调用的目标机器了。我们接着看一下协议适配和序列化的问题，也就是说我们要把调用远程服务的对象、参数等变为服务提供者可以理解、传输的数据了。

先来看看序列化和反序列化。简单地说，序列化就是把内存对象变为二进制数据的过程，而反序列化就是把二进制数据变为内存中可用对象的过程。服务框架要把本地进程内部的方法调用变为远程的方法调用，首先需要把调用所需的信息从调用端的内存对象变为二进制数据，然后通过网络传到远程的服务提供端，再在服务提供端反序列化数据，得到调用的参数后进行相关调用。

常见的序列化和反序列化的方式很多，对于 Java 而言，Java 本身就提供了序列化和反序列化的方式，并且使用起来非常简单。这里有几点需要注意，一是 Java 序列化或反序列化时自身的性能问题以及跨语言的问题。如果在整个分布式系统中的调用者或者服务提供者要使用 Java 以外的语言来实现，那么序列化和反序列化的方式选择上就要支持跨语言。第二，序列化和反序列化的性能开销，以及不同方式的性能比较也是需要注意的一个点。第三，还需要注意序列化后的长度。也就是说我们需要在易用性、跨语言、性能、序列化后数据长度等方面综合进行考量。

我们从两个方面来看协议的部分，一个是用于通信的数据报文的自定义协议，另一个是远程过程调用本身的协议。下面来看一个具体的例子。

还是以之前计算器的例子为例，我们可以选择通过 HTTP 协议来完成通信过程的处理，那么 HTTP 协议就是我们选择的通信协议，而在服务调用中的具体协议，需要自己来定义，可以选择 XML 作为序列化的方式。我们可以这样定义请求和响应的格式。

请求格式：

```
<request>
    <service name="xxx" method="yyy">
        <params>
          <param name="zzz>
          </param>
          ......
        </params>
    </service>
</request>
```

响应格式：

```
<response>
    <result>
       ......
    </result>
</request>
```

上面的定义中选择 XML 作为了序列化方式（我们还有其他选择，例如 json 或者一些二进制的表示方式）。通过 XML 定义的格式是在服务层面的协议，而在通信层面，我们可以采用 HTTP 协议，当然也可以通过自定义的协议来完成。

这个例子是想给读者展示在整个远程过程调用中的通信协议、服务调用协议及序列化方式。在具体实践中，通信协议和服务调用协议的扩展性、向后兼容性是需要重点考虑的。因为在实践中服务会越来越多，调用者也会越来越多，服务框架在升级时无法保证在同一时刻把所有使用到的地方都进行升级，所以，协议上的扩展性、向后兼容性显得非常重要。在具体制定通信协议时，版本号、可扩展属性及发起方支持能力的介绍很重要。我们很难保证我们协议的扩展性可以支持未来所有的情况，所以显式地标明版本是很必要的做法，这样另一端可以根据具体版本号来进行相应的处理。可扩展的属性有些像键值对的定义，它能方便我们对协议的扩展，避免一增加属性就要修改版本的情况。表明自身服务能力的介绍是为了方便接收端根据请求端的能力来进行相应的处理，例如对于服务调用的具体返回结果的数据来说，如果调用端支持压缩，那么就可以返回被压缩后的数据，否则，服务端就一定不能对结果进行压缩，这个特点有点类似 HTTP 协议里的 Accept-Encoding。

4.2.3.7 网络通信实现选择

介绍到这里，一个在调用端的服务请求已经到了网络通信这一层面了。我们在第 1 章的网络通信部分具体介绍过相关的基础概念，这里介绍具体服务框架中用到的一些技术点，并从服务框架的角度来看一下通信支持。

在第 1 章中我们讲过的通信方式有 BIO、NIO、AIO 的模式，其中 BIO 采用的方式是阻塞 IO 的方式，一个连接需要消耗掉一个线程，这种方式的开发比较简单，但是消耗比较大。采用 NIO 是一个比较好的选择，是直接采用 Java 的 NIO 还是采用第三方封装好的组件，这需要实现者自己来选择。

我们采用的是 NIO 的方式，所以客户端和服务器端的连接是可以复用的，而不是每一个请求独占一个连接。BIO 与 NIO 的对比如下。

图 4-19 展示的是使用 BIO 的方式，在调用端有三个请求进来，分别由三个线程处理，每个线程都使用独立的连接，在远端的提供者端有对应的三个线程来执行相应的服务。这种方式会使得调用者和提供者之间建立大量的连接，而且是阻塞的方式，连接并不能得到充分利用。

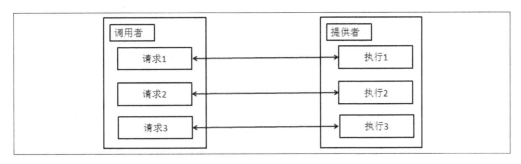

图 4-19 BIO 方式

我们希望在调用者和提供者之间通过一个连接来进行多个并发请求的通信工

作。这就好比公路，每条公路可以同时供多辆车使用，而不是一辆。通过 NIO 方式可以实现这一愿望（如图 4-20 所示）。我们需要引入 IO 线程来专门处理通信功能，因为使用的是非阻塞方式的 IO，而需要对外提供的是类似阻塞的同步远程请求的方式，因此需要完成异步转同步的工作，还需要处理调用超时的情况，也需要对应用层发送的数据进行流量保护。

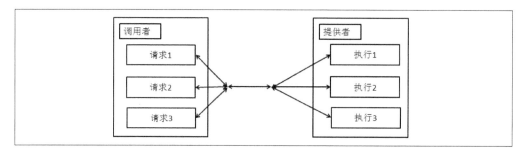

图 4-20　NIO 方式

图 4-21 是通过同步方式进行远程调用时使用 NIO 的示意图。可以看到这个方式明显比 BIO 方式复杂。

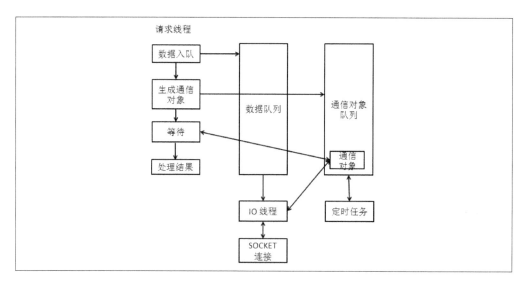

图 4-21　调用端采用 NIO 的示意图

从图 4-21 中可以看到我们增加了 IO 线程、数据队列、通信对象队列和定时任务 4 个部分。IO 线程专门负责和 SOCKET 连接打交道，进行数据的收发。需要发送的数据都会进入数据队列，这样，每个请求线程就不需要直接和 SOCKET 连接打交道了，这也为复用 SOCKET 连接提供了可能。数据队列的长度是需要关注的方面，因为它可能会造成内存的溢出。通信对象队列是保存了多个线程使用的通信对象，这个通信对象主要是为了阻塞请求线程，请求线程把数据放入数据队列中后会生成一个通信对象，它会进入通信对象队列并且在通信对象队列上等待。通信对象用于唤醒请求线程。如果在远程调用超时前有执行结果返回，那么 IO 线程就会通知通信对象，通信对象则会结束请求线程的等待，并且把结果传给请求线程，以进行后续处理。此外，我们也有定时任务负责检查通信对象队列中的哪些通信对象已经超时了，然后这些通信对象会通知请求线程已经超时的事实。

4.2.3.8 支持多种异步服务调用方式

使用 NIO 能够完成连接复用以及对调用者的同步调用的支持，接下来我们再来详细介绍一下调用方式。除了同步调用外，我们还需要支持如下的几种调用方式。

第一种方式是 Oneway。Oneway 是一种只管发送请求而不关心结果的方式。在 NIO 方式下使用 Oneway 的话，会比前面的同步调用简单很多，如图 4-22 所示。

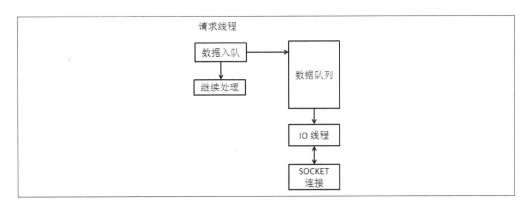

图 4-22 Oneway 方式

可以看到 Oneway 方式非常简单，只需要把要发送的数据放入数据队列，然后就可以继续处理后续的任务了；而 IO 线程也只需要从数据队列中读到数据，然后通过 SOCKET 连接送出去就好了。Oneway 方式不关心对方是否收到了数据，也不关心对方收到数据后做什么或有什么返回。这就基本等价于一个不保证可靠送达的通知。

第二种方式是 Callback。这种方式下请求方发送请求后会继续执行自己的操作，等对方有响应时进行一个回调，如图 4-23 所示。

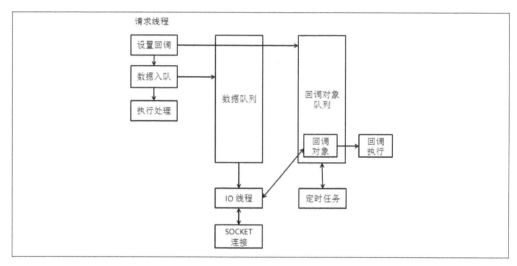

图 4-23 Callback 方式

从图 4-23 可以看到，请求者设置了回调对象，把数据写入数据队列后就继续自己的处理了。后面的 IO 线程的通信方式与之前看到的相同，只是当收到服务提供者的返回后，IO 线程会通知回调对象，这时就执行回调的方法了。而如果需要支持超时，同样可以通过定时任务的方式来完成，如果已经超时却没有返回，那么同样需要执行回调对象的方法，只是要告知是已经超时没有结果。这里需要注意的一点是，如果我们不再引入新的线程，那么回调的执行要么是在 IO 线程中，要么是在定时任务的线程中了，我们还是建议用新的线程来执行回调，而不要因为回调本身的代码执行时间久等问题影响了 IO 线程或者定时任务。

第三种方式是 Future。笔者认为在 Java 中 Future 是一个非常便利的方式。我们还是先看一下图 4-24。

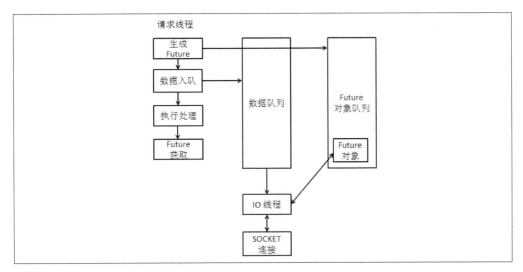

图 4-24　Future 方式

使用 Future 方式，同样是先把 Future 放入队列，然后把数据放入队列，接着就在线程中进行处理，等到请求线程的其他工作处理结束后，就通过 Future 来获取通信结果并直接控制超时。IO 线程仍然是从数据队列中得到数据后再进行通信，得到结果后会把它传给 Future。

第四种方式是可靠异步。可靠异步要保证异步请求能够在远程被执行，一般是通过消息中间件来完成这个保证的。

到这里我们介绍了四种常见的异步远程通信方式，Oneway 是一个单向的通知；Callback 则是回调，是一种很被动的方式，Callback 的执行不是在原请求线程中；而 Future 是一种能够主动控制超时、获取结果的方式，并且它的执行仍然在原请求线程中；可靠异步方式能保证异步请求在远程被执行。

4.2.3.9　使用Future方式对远程服务调用的优化

学习完同步调用、异步调用的多种实现，我们就已经掌握很完善的通信方式了。这里还需要向大家介绍一个实战中的注意点。

在实际的工作中，会出现在一个请求中调用多个远程服务的情况，如图 4-25 所示。

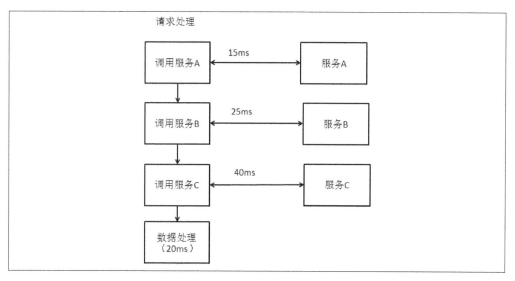

图 4-25　调用多个服务的处理场景

在图 4-25 中，一个请求处理需要调用三个远程服务（在实际中一般会远多于三个），各个服务的耗时已经在图中标出来了。另外在请求者自己的线程中还有 20ms 的数据处理时间。那么，要完成上图中的一次请求需要 100ms（实际消耗的时间也取决于总线程数与 CPU 的核数，100ms 中的大部分时间是在等待远程结果，20ms 的数据处理是消耗纯 CPU 时间的）。我们可以思考一下华罗庚的《统筹方法》，试着改变一下这个线程的处理方式。我们先把图 4-25 中的场景更详细得表示出来，如图 4-26 所示。

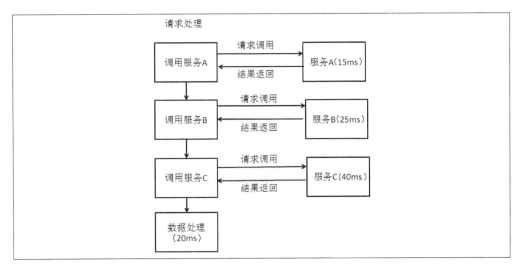

图 4-26 调用多个服务的处理场景的详细图示

我们思考能否变成图 4-27 所示的样子，如下。

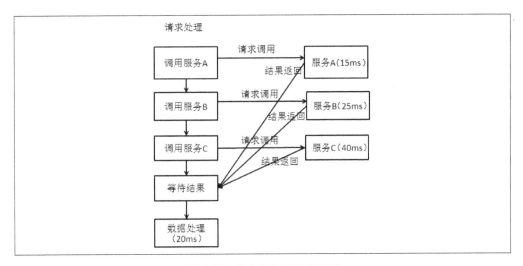

图 4-27 多个服务的并行调用

也就是说，我们仍然是按照调用顺序把服务的请求发送给服务 A、服务 B 和服务 C，与前面不同的是，请求发过去后并不直接等待执行结果，而是直到服务 C 的请求也发出去后再来统一等待服务 A、服务 B 和服务 C 的执行结果，然后再接着进行本地的数据处理。如果改造成这样的话，整个线程的处理时间就会变为40ms+20ms=60ms，比原来的 100ms 减少 40ms。当然，这里有一个前提，即所调用服务 A、服务 B、服务 C 之间并没有相互的依赖关系，举例来说就是调用服务 B 的时候，并不需要调用服务 A 所返回的信息。如果各服务之间存在依赖，那就只能等到前一个服务返回后才能进行后续的服务调用。我们之所以能够方便地使用并行调用优化，就是因为有 Future 方式的支持。并且因为底层使用的是 NIO 方式，所以并行方式并没有产生额外的开销，反而能使总体消耗时间缩短，在同样的线程数配置、同样硬件的情况下，会使得单位时间的处理能力得到明显提升（具体提升的幅度与单个请求内部远程调用的并行度有关）。

接下来，请求通过网络到了服务端，并且在服务端执行有了返回，又通过网络模块得到返回结果，这时就需要进行通信协议解析、数据反序列化的工作了。需要注意的是反序列化工作使用什么线程的问题，一般是使用 IO 线程，不过这样会影响 IO 线程的工作效率；另一种方式是把反序列化工作从 IO 线程转移到其他线程去做，然后再把结果传到等待的请求线程。

4.2.4 服务提供端的设计与实现

我们通过 4.2.3 节把请求调用端的过程详细讲述了一遍，接下来我们一起看看服务提供端的情况，如图 4-28 所示。

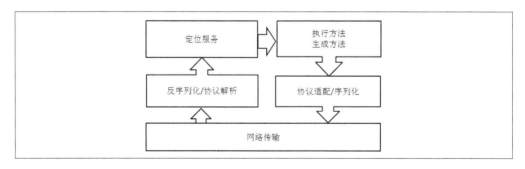

图 4-28 服务提供端具体工作

4.2.4.1 如何暴露远程服务

服务端的工作有两部分，一是对本地服务的注册管理，二是根据进来的请求定位服务并执行。我们先来看看服务注册的部分。

我们从如何配置远程服务开始。还是用之前的 Calculator 举例，完整的代码就不重复列出了，下面是传统的配置 Spring 的一个 bean 的方式：

```
<bean id="calculator"  class="org.vanadies.CalculatorImpl" >
</bean>
```

之前我们看到过在请求调用端的配置，这里来看看服务提供端的配置。

```
<bean id="calculator" class="org.vanadies.ServiceFramework.ProviderBean" >
<property name="interfaceName">
      <value>org.vanadies.calculator</value>
</property>
<property name="target">
   <ref bean="calculatorImpl/>
</property>
<property name="version">
     <value>1.0.0</value>
</property>
<property name="group">
   <value>Test</value>
</property>
</bean>
<bean id="calculatorImpl" class="org.vanadies.CalculatorImpl">
</bean>
```

上面配置的写法是否似曾相识？与之前在请求调用端看到的配置非常类似和呼应，二者的不同之处有两点。首先，在服务提供端使用的是 ProviderBean 对象，而在调用请求端使用的是 ConsumerBean 对象，我们之前看到了 ConsumerBean 的大概职能和做法，后面会看到 ProviderBean 的职责。此外，在服务提供端增加了一个属性 target，这个属性是要表明具体执行服务的 SpringBean，因为 ProviderBean 本身并不执行具体服务，只是起到调用端代码存根的作用，所以我们需要知道真正执行服务的 SpringBean 是哪个。其他的例如 interfaceName、version、group 等属性，与请求调用端的同名属性的含义相同。

现在来看看 ProviderBean 的职能。从前面的介绍我们知道，服务需要注册到服务注册查找中心后才能被服务调用者发现，所以，ProviderBean 需要将自己所代表的服务注册到服务注册查找中心。另外，当请求调用端定位到提供服务的机器并且请求被送到提供服务的机器上后，在本机也需要有一个服务与具体对象的对应关系，ProviderBean 也需要在本地注册服务和对应服务实例的关系。

4.2.4.2　服务端对请求处理的流程

前面我们看到了在服务调用端服务框架与容器、应用的关系，在服务提供端也是一样的情况。无论服务框架以什么方式与应用集成在一起，在启动时都需要监听服务端口。当服务注册都已完成，而且监听端口也准备好时，就只需等着服务调用端的请求进来了。

服务端的通信部分同样也不能用 BIO 来实现，而要采用 NIO 的方式来实现。接收到请求后，通过协议解析及反序列化，我们可以得到请求发送端调用服务方法的具体信息，根据其中的服务名称、版本号找到本地提供服务的具体对象，然后再用传过来的参数调用相关对象的方法就可以了。

之前在请求调用端重点介绍过路由的做法，其中提到了引入服务、方法、参数的路由，并且通过这样的方式解除了调用慢服务对于其他服务的影响。在服务提供端，我们有另外一种方法来解决这个问题。

先看一下图 4-29 所示的流程，如下。

这一流程会涉及两个具体问题，第一，在网络通信层，IO 线程会进行通信的处理（一般是多个 IO 线程），在收到完整的数据包、完成协议解析得到序列化后的请求数据时，反序列化在什么线程进行是需要考虑的；第二，得到反序列化后的信息并定位服务后，调用服务在什么线程进行也是需要考虑的。一般来说，调用服务一定是在工作线程（非 IO 线程）进行的，而反序列化的工作则取决于具体实现，在 IO 线程或工作线程中进行的方式都有。

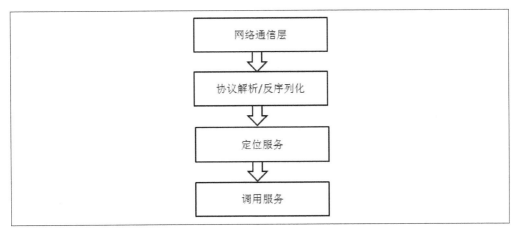

图 4-29　请求处理流程

4.2.4.3　执行不同服务的线程池隔离

服务提供端的工作线程是一个线程池，路由到本地的服务请求会被放入这个线程池执行。如果客户端没有通过接口或方法进行路由，我们就可以在服务提供端进行控制，也就是进行服务端线程池隔离。具体的做法其实十分类似于请求调用方根据接口、方法、参数进行的路由。在服务提供端，工作线程池不是一个，而是多个，当定位到服务后，我们根据服务名称、方法、参数来确定具体执行服务调用的线程池是哪个。这样，不同线程池之间就是隔离的，不会出现争抢线程资源的情况。这就好像把服务提供者的机器隔离开一样，也就是会变成图 4-30 所示的样子。

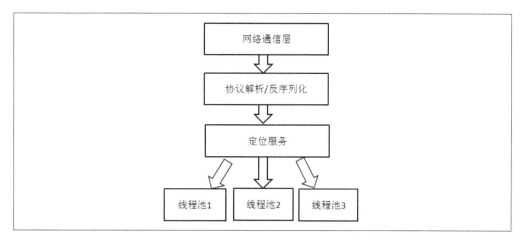

图 4-30 将执行不同服务的线程池隔离

4.2.4.4 服务提供端的流控处理

将执行服务的线程池隔离会带来服务端稳定性的提升，而流控同样是保证服务端稳定性的重要方式。

在服务提供者看来，不同来源的服务调用者、0-1 的开关以及限制具体数值的 QPS 的方式都需要实现。并且在服务提供者这里，某个服务或者方法可以对不同服务调用者进行不同的对待。这样的做法就是对不同的服务调用者进行分级，确保优先级高的服务调用者被优先提供服务。这也是保证稳定性的策略。

整个服务框架的功能可以分为服务调用者和服务提供者两方面，此外像序列化、协议、通信等是公用的功能。在具体实现上，是把这些功能都放在一起形成一个完整的服务框架，而不是分为服务调用者框架和服务提供者框架，因为某个服务调用者的服务提供者，可能是另一个服务提供者的服务调用者，它们是相对的。

整个服务框架作为一个产品，可以让集中在单机内部的调用变为远程的服务化。在具体应用的使用场景中，一个完整的服务框架可能需要被改变一些行为，例如负载均衡的部分，默认是随机选择服务地址，在有些场景下就需要用权重。因此，服务框架必须做到模块化且可配置；此外，一些特殊的场景需要使用者来具体扩展服务框架的原有功能。这就要求服务框架被很好地模块化，且模块可替换，并留有一定的扩展点来扩展原有功能。

4.2.5 服务升级

前面小节介绍的内容都是服务框架非常必要的基础内容。一旦开始使用服务框架，就意味着有非常多的服务落地，也意味着必须要做服务的升级。对于服务的升级，会遇到两种情况。第一种情况是接口不变，只是代码本身进行完善。这样的情况处理起来比较简单，因为提供给使用者的接口、方法都没有变，只是内部的服务实现有变化。这种情况下，采用灰度发布的方式验证然后全部发布就可以了。第二种情况是需要修改原有的接口，这又分为以下两种情况。

一是在接口中增加方法，这个情况比较简单，直接增加方法就行了。而且在这样的情况下，需要使用新方法的调用者就使用新方法，原来的调用者继续使用原来的方法即可。

二是要对接口的某些方法修改调用的参数列表。这种情况相对复杂一些。我们有几种方式来应对：

- 对使用原来方法的代码都进行修改，然后和服务端一起发布。这从理论上说是个办法，但是不太可行，因为这要求我们同时发布多个系统，而且一些系统可能并不会从调整参数后的方法那里受益。
- 通过版本号来解决。这是比较常用的方式，使用老方法的系统继续调用原来版本的服务，而需要使用新方法的系统则使用新版本的服务。
- 在设计方法上考虑参数的扩展性。这是一个可行的方式，但是不太好，因为参数列表可扩展一般就意味着是采用类似 Map 的方式来传递参数，这样不直观，并且对参数的校验会比较复杂。

4.3 实战中的优化

有了服务框架，集中式系统就会很方便地转变为分布式系统。但是有下面几个问题需要注意。

1. 服务的拆分

要拆分的服务是需要为多方提供公共功能的，对于那些比较专用的实现，查出来它们是独立部署在远程机器上来提供服务的，这不仅没必要，还会增加系统的复杂性。

2. 服务的粒度

这是一个很难量化回答的问题，只能说需要根据业务的实际情况来划分服务。

3. 优雅和实用的平衡

服务化的架构看起来比较优雅，可毕竟多一次调用就比之前多走了一次网络，一些功能直接在服务调用者的机器上实现会更加合适、经济。例如我们看下面的一个例子，如图 4-31 所示。

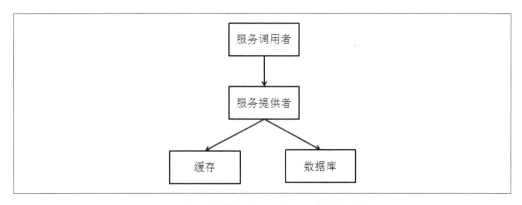

图 4-31 服务提供者完成与缓存、数据库的交互

服务提供者使用数据库进行数据的存储，使用缓存来缓解数据库的压力。服务提供者对外提供数据的读写服务，当然，里面还包含了一定的业务逻辑。服务调用者通过服务提供者提供的读写服务进行数据库的访问。

这个结构看起来没什么问题，也比较优雅。但是深入分析一下就会发现，如果服务调用者读取数据的频率非常高的话，让服务调用者直接读取缓存会更合适。也就是说，我们需要做一个客户端，其中包含了服务提供者所提供服务的所有接口，并且有一定的代码逻辑。这个逻辑就是把读取缓存的逻辑直接放到服务调用者那里来执行，如果缓存读取成功就结束，否则就到服务提供者那里去进行读数据库、更新缓存的操作。其他写操作则还是直接由服务提供者来处理，如图 4-32 所示。

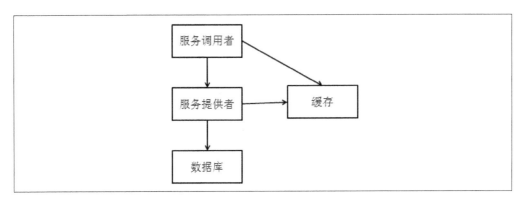

图 4-32　服务调用者直接读缓存

这样的结构看起来没有图 4-31 中的结构优雅，但是这是一个比较实用的方案。大部分对数据的请求直接走一次缓存就可以了，只有少部分没有命中缓存的数据读取需要走服务提供者，然后再到数据库进行读取并插入缓存。

4．分布式环境中的请求合并

这个问题和前一个问题类似，都是与优化有关的问题。我们知道，服务调用就是为了完成数据的读、写和计算。而在大型的分布式系统中，我们能否合并相关的读、写、计算任务，这是需要认真思考的问题，因为对于热点数据的处理，如果可

以进行一些任务的合并处理，就会明显降低整个系统的负载。我们先看一个单机中
的例子。在单机多线程的应用中可能会有一些操作比较消耗系统资源，如果能够进
行一些合并的话，就会提升处理效率，我们看一个具体的例子，如图 4-33 所示。

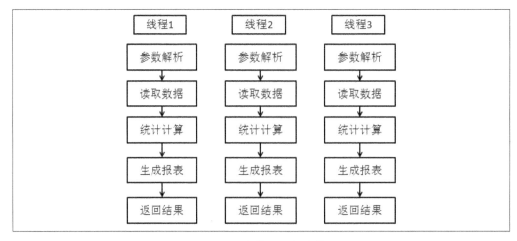

图 4-33　多线程重复计算

假设要为单机写一个根据请求去读取数据并计算生成报表的应用，最简单的方
式是把逻辑写好，然后做成线程安全的。在执行过程中，我们需要从远程读取大量
数据，然后进行复杂的统计计算，最后生成报表。我们可以增加缓存来减少数据读
取和计算的工作量，例如同样参数的报表，如果已经有请求计算过，那么之后的请
求直接用结果就行了。缓存的有效时间根据业务的特性来决定。这是一种优化方法，
再来看另一个思路，如图 4-34 所示。

图 4-34 展示的线程执行逻辑为，解析完参数后，检查是否有其他线程在计算了，
如果没有，则进行计算；如果已经有线程在计算相同的数据，就等待其他线程的计
算结果。具体的实现上可以依赖 Future 方式。

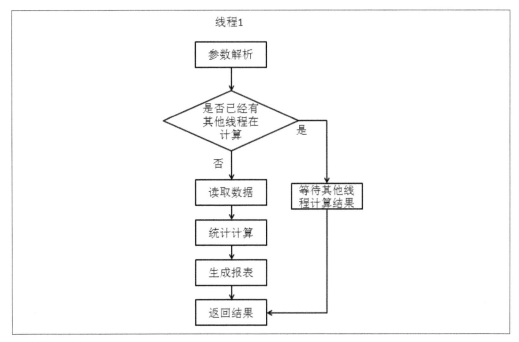

图 4-34　引入合并请求后的线程处理流程

但是把这个思路移植到分布式的环境中时，会有新的问题要解决，如图 4-35 所示。

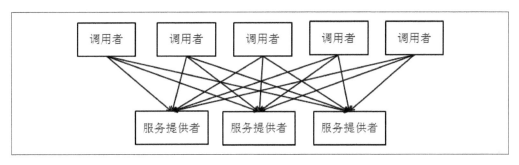

图 4-35　分布式环境下请求合并的问题

相对于单机的多线程，分布式环境会涉及多个节点。在单机中判断是否有同样任务在执行是很简单的，而在多机环境中，则需要由独立于服务调用者、服务提供者之外的节点来完成相关工作，也就是需要分布式的锁服务来控制。但是这是需要进行权衡的，因为在分布式系统中，如果每个请求都要走一次分布式的锁服务来进行控制，就会有额外的开销。另一个思路是，在服务调用端不是把请求随机分发给服务提供者，而是根据一定的规则把同样的请求发送到同一个服务提供者上，然后在服务提供者的机器上做单机控制，这样通过路由策略的选择，可以不引入分布式锁服务，减少了复杂性。此外，对于比较消耗系统资源的操作，不论是使用分布式锁服务，还是采用路由的方式把请求送到特定机器，在服务调用者上都可以进行单机多线程的控制。具体采用何种方式，需要根据具体场景来决定，而且需要数据的支持来做出最后的决定。

4.4 为服务化护航的服务治理

前面几节介绍了服务框架相关的设计和实战中的优化，我们接着介绍一下服务治理。服务治理是在系统采用服务框架后，为服务化保驾护航的功能集合。

从集中式应用走向了分布式系统后，整个系统的结构和依赖会比之前复杂很多，而服务框架是串起整个系统的一个重要通路。我们将会有很多的服务提供者、服务调用者以及大量的服务，因此，对这些服务的治理是一个很重要的话题。我们重点看看服务治理应该完成什么样的工作，至于具体的实现方式则会因不同实现者而不同。

我们可以将服务治理分为管理服务和查看服务这两个方面，也就相当于数据的写和读：管理需要我们去控制、操作整个分布式系统中的服务，而查看则是看运行时的状态或者一些具体信息、历史数据等。

我们首先看一下服务查看具体包括哪些内容。

- 服务信息：服务最基本的信息。
  - ➢ 服务编码，即数字化的服务编码

➤ 支持编码的注册

➤ 根据编码定位服务信息

- 服务质量：根据被调用服务的出错率、响应时间等数据对服务质量进行的评估。

  ➤ 最好、最差的服务排行

  ➤ 各个服务的质量趋势

  ➤ 各种查询条件的支持

- 服务容量：根据所提供服务的总能力以及当前所使用容量进行的评估，其中能力是指对于请求数量方面的支撑情况。

  ➤ 服务容量与当前水位的展示

  ➤ 历史趋势图

  ➤ 根据水位的高低排序

  ➤ 各种查询条件的支持

- 服务依赖：根据服务被调用以及服务调用其他服务的情况，给出服务与其上下游服务的依赖关系，里面除了服务间定性的依赖关系外，还有定量的数据信息。

  ➤ 依赖服务展示

  ➤ 被依赖展示

  ➤ 依赖变化

- 服务分布：提供同样服务的机器的具体分布情况，主要是看跨机房的分布情况。

  ➤ 服务在不同机房分布

  ➤ 服务在不同机柜分布

  ➤ 分布不均衡服务列表

- 服务统计：服务运行时信息的统计。

  ➤ 调用次数统计和排名

- ➢ 出错次数统计和排名
- ➢ 出错率统计和排名
- ➢ 响应时间统计和排名
- ➢ 响应时间趋势
- ➢ 出错率趋势
- 服务元数据：服务基本信息的查看。
  - ➢ 服务的方法和参数
- 服务查询：提供根据各种条件来检索服务进而查看服务的各种信息的功能。
  - ➢ 服务的应用负责人、测试负责人
  - ➢ 服务所属的应用名称
  - ➢ 服务发布时间
  - ➢ 服务提供者的地址列表
  - ➢ 服务容量
  - ➢ 服务质量
  - ➢ 服务调用次数
  - ➢ 服务依赖
  - ➢ 服务版本及归组信息等
- 服务报表：主要提供非实时服务的各种统计信息的报表，包括不同时间段的对比以及分时统计的信息。
- 服务监视：提供对于服务运行时关键数据的采集、规则处理和告警。注意这里是服务监视而非监控，主要是完成对于服务运行数据的收集和处理，但不提供控制，通过监视发现问题后再在相应的服务管理中进行管理工作。服务监视只提供用于决策的数据基础，并且根据已定义的规则进行告警。

接着我们从服务管理的角度看一下有哪些事情要做。

- 服务上下线：前面看到服务是通过 ProviderBean 自动注册的，在治理中我们还需要控制服务的上下线。
  - ➤ 针对一个服务所有机器的上线和下线操作
  - ➤ 针对指定机器的上线和下线操作
  - ➤ DoubleCheck 控制
- 服务路由：是对服务路由策略的管理，就是之前看到的基于接口、方法、参数的路由的集中管理。
  - ➤ 路由管理界面支持
  - ➤ 路由信息更改前后对比和验证
  - ➤ 路由配置多版本管理和回滚
  - ➤ DoubleCheck 控制
- 服务限流降级：对应的是之前介绍过的流控部分，服务降级是对服务对外流控的统一管理。当然，除了管理流控外，还集中管理了服务上的很多开关。例如，在服务调用或者执行的地方，除了限流还可以停止一些非重要功能的处理，以便主流程可以继续执行。
  - ➤ 根据调用来源限流
  - ➤ 根据具体服务限流
  - ➤ 针对服务开关降级
  - ➤ 流控、降级配置多版本管理和回滚
  - ➤ DoubleCheck 控制
- 服务归组：是在集中的控制台调整服务的分组信息，对应我们在服务提供者的配置属性中看到的 group 属性，可以在集中的控制台对服务的分组直接进行管理。
  - ➤ 归组规则的多版本管理和回滚

➤ 归组规则预览

➤ 归组规则的影响范围和评估

➤ DoubleCheck 控制

- 服务线程池管理：是对于服务提供者的服务执行的工作线程池的管理。

➤ 调用方的线程管理，主要是最大并发的管理

➤ 服务端线程工作状况查询

➤ 服务端针对不同服务的多个业务线程池的管理

➤ DoubleCheck 控制

- 机房规则：是针对多机房、虚机房规则的管理。

➤ 规则查询和发布校验

➤ 规则多版本管理和回滚

➤ DoubleCheck 控制

- 服务授权：随着服务和服务调用者的增多，一些重要服务的使用是需要有授权和鉴权的支持的，服务授权就是针对服务调用者的授权管理。

➤ 授权信息查询

➤ 授权规则多版本支持和回滚

➤ DoubleCheck 控制

4.5 服务框架与 ESB 的对比

企业服务总线（ESB）也是系统在采用服务化时的一个重要支撑产品，这一节我们看一下本章所讲的服务框架与企业服务总线的对比。

图 4-36 是 ESB 结构的一个简图。ESB 的概念是从面向服务体系架构中（SOA）发展过来的，它是对多样系统中的服务调用者和服务提供者的解耦。ESB 本身也可以解决服务化的问题，它提供了服务暴露、接入、协议转换、数据格式转换、路由等方面的支持。ESB 与服务框架主要有两个差异，第一，服务框架是一个点对点的

模型，而 ESB 是一个总线式的模型；第二，服务框架基本上是面向同构的系统，不会重点考虑整合的需求，而 ESB 会更多地考虑不同厂商所提供服务的整合。

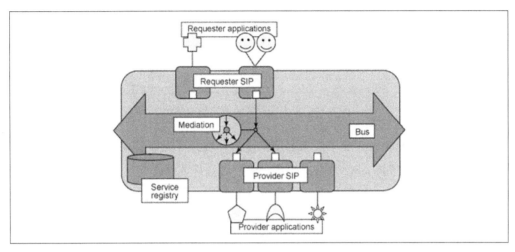

图 4-36　ESB 结构图

4.6　总结

到这里，服务框架的介绍就结束了。服务框架为我们的应用提供了从集中式系统转向分布式系统的基础支持（如图 4-37 所示）。有了服务框架的支持，我们可以很容易地对原来集中在一个应用中的各种代码、操作进行梳理，然后变为不同的服务调用者和服务提供者，而通过 Spring 使用服务框架的配置与使用单机的 Spring Bean 的配置差别不大，不过在具体的代码调试和问题定位上，分布式系统中还是比单机要麻烦，我们处理完服务框架、服务治理后，还需要针对自身的测试环境去完成一些相关的工作，以助于进行开发中的调试和问题定位。

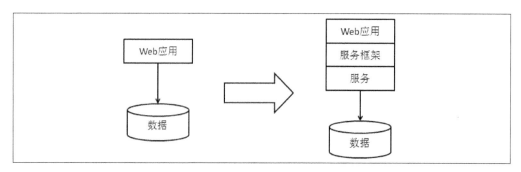

图 4-37　引入服务框架后的结构变化

服务框架帮助我们完成了应用的架构变化，在第 5 章我们一起来看看引入中间件以后，应用对数据库进行访问方面的变化，也就是数据访问层。

第 5 章
数据访问层

第 4 章介绍的服务框架可以使应用从集中式走向分布式，解决了当网站功能越来越丰富时，单个应用越来越庞大的问题，使整个系统走向服务化的架构。随着数据量和访问量的上升，应用使用的数据库也会遇到问题，这就需要数据访问层出场了。

5.1　数据库从单机到分布式的挑战和应对

5.1.1　从应用使用单机数据库开始

我们在构建网站时会使用数据库来作为数据管理的基础软件。使用不同的语言、在不同平台上的网站都有各自解决数据库访问问题的组件和方式，各种类似 ODBC、JDBC 的封装以及 ORM 的处理都已经比较成熟，我们在这一章里不会重点介绍这些内容。我们要讲的是在一个大型系统底层的数据量和访问量逐步增大的过程中，该系统将要面临的问题和相应的解决方案。

使用数据库是存储、读取数据的一种选择，接下来我们主要介绍以数据库为基础时，数据访问层能够带给我们什么便利。而是否使用关系型数据库解决业务问题不是本章讨论的重点。

我们还是从最简单的应用说起，如图 5-1 所示。我们基于 Java 技术构建网站，使用 JDBC 方式来连接数据库。在网站初期，这会运行得很好，所有的业务数据都可以放在一个数据库中来管理。

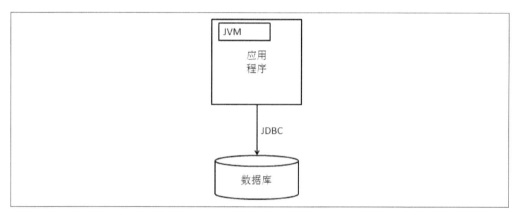

图 5-1　应用使用单机数据库

5.1.2　数据库垂直/水平拆分的困难

随着网站业务的快速发展，数据量和访问量不断上升，数据库的压力越来越大。更换更好的硬件（Scale Up）是一种解决方案，而且在我们能付得起硬件费用并且没有到达硬件单机瓶颈时，这也是一个比较简单的解决方案。这有点像我们自己家中计算机的升级换代。但是数据和访问量的增长很容易就会超过单机的极限，我们需要找其他的方式来解决问题。

在不靠升级硬件的情况下，能够想到的处理方案就是给现有数据库减压。减压的思路有三个，一是优化应用，看看是否有不必要的压力给了数据库（应用优化）；

二是看看有没有其他办法可以降低对数据库的压力，例如引入缓存、加搜索引擎等；最后一种思路就是把数据库的数据和访问分到多台数据库上，分开支持，这也是我们的核心思路和逻辑。

数据拆分有两种方式，一个是垂直拆分，一个是水平拆分。垂直拆分就是把一个数据库中不同业务单元的数据分到不同的数据库里面，水平拆分是根据一定的规则把同一业务单元的数据拆分到多个数据库中。无论是垂直拆分还是水平拆分，最后的结果都是将原来在一个数据库中的数据拆分到了不同的数据库中。所以原来单机数据库可以支持的特性现在就未必支持了。

垂直拆分会带来如下影响：

- 单机的 ACID 保证被打破了。数据到了多机后，原来在单机通过事务来进行的处理逻辑会受到很大的影响。我们面临的选择是，要么放弃原来的单机事务，修改实现，要么引入分布式事务。
- 一些 Join 操作会变得比较困难，因为数据可能已经在两个数据库中了，所以不能很方便地利用数据库自身的 Join 了，需要应用或者其他方式来解决。
- 靠外键去进行约束的场景会受影响。

水平拆分会带来如下影响：

- 同样有可能有 ACID 被打破的情况。
- 同样有可能有 Join 操作被影响的情况。
- 靠外键去进行约束的场景会有影响。
- 依赖单库的自增序列生成唯一 ID 会受影响。
- 针对单个逻辑意义上的表的查询要跨库了。

可以看到，数据库的拆分给应用带来的影响还是比较明显的，这里面列出的只是其中一部分。在实践中，只要是操作数据被拆分到不同库中的情况，就都会受到影响，例如原来的一些存储过程、触发器等也需要改写才能完成相应的工作了。

接下来，我们分析一下前面提到的具体问题及其应对。

5.1.3 单机变为多机后，事务如何处理

事务的支持对业务来说是一个非常重要的特性，数据库软件对单机的 ACID 的事务特性的支持是比较到位的，而一旦进行垂直或水平拆分后，我们所要面对的就是多个数据库的节点了，也就是分布式事务了，这是一个难题。

5.1.3.1 了解分布式事务的知识

分布式事务是指事务的参与者、支持事务的服务器、资源服务器以及事务管理器分别位于分布式系统的不同节点上。对于传统的单机上的事务，所有的事情都在这一台机器上完成，而在分布式事务中，会有多个节点参与。

1. 分布式事务模型与规范

X/Open 组织（即现在的 The Open Group）提出了一个分布式事务的规范—— XA。在看 XA 之前，我们先看一下 X/Open 组织定义的分布式事务处理模型——X/Open DTP 模型（X/Open Distributed Transaction Processing Reference Model）。在 X/Open DTP 模型中定义了三个组件，即 Application Program、Resource Manager 和 Transaction Manager，分别介绍如下。

- Application Program（AP），即应用程序，可以理解为使用 DTP 模型的程序。它定义了事务边界，并定义了构成该事务的应用程序的特定操作。
- Resource Manager（RM），资源管理器，可以理解为一个 DBMS 系统，或者消息服务器管理系统。应用程序通过资源管理器对资源进行控制，资源必须实现 XA 定义的接口。资源管理器提供了存储共享资源的支持。
- Transaction Manager（TM），事务管理器，负责协调和管理事务，提供给 AP 应用程序编程接口并管理资源管理器。事务管理器向事务指定标识，监视它

们的进程，并负责处理事务的完成和失败。事务分支标识（称为 XID）由 TM
指定，以标识一个 RM 内的全局事务和特定分支。它是 TM 中日志与 RM 中
日志之间的相关标记。两阶段提交或回滚需要 XID，以便在系统启动时执行
再同步操作（也称为再同步（resync）），或在需要时允许管理员执行试探操作
（也称为手工干预）。

在这三个组件中，AP 可以和 TM、RM 通信，TM 和 RM 之间可以互相通信。DTP
模型里面定义了 XA 接口，TM 和 RM 通过 XA 接口进行双向的通信，如图 5-2 所示。

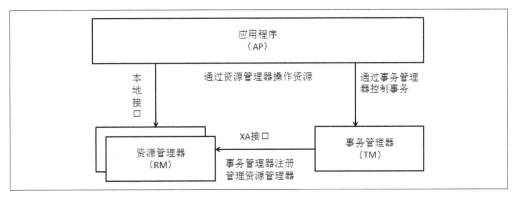

图 5-2　分布式事务 AP/TM/RM 之间的关系

从图 5-2 可以看到，AP 和 RM 是一定需要的，而事务管理器 TM 是我们额外引
入的。之所以要引入事务管理器，是因为在分布式系统中，两台机器理论上无法达
到一致的状态，需要引入一个单点进行协调。事务管理器控制着全局事务，管理事
务的生命周期，并协调资源。

在 DTP 中还定义了其他几个概念，如下。

- 事务：一个事务是一个完整的工作单元，由多个独立的计算任务组成，这多
  个任务在逻辑上是原子的。
- 全局事务：一次性操作多个资源管理器的事务就是全局事务。

- 分支事务：在全局事务中，每一个资源管理器有自己独立的任务，这些任务的集合是这个资源管理器的分支任务。
- 控制线程：用来表示一个工作线程，主要是关联 AP、TM 和 RM 三者的线程，也就是事务上下文环境。简单地说，就是用来标识全局事务和分支事务关系的线程。

我们看一下整体 DTP 的模型，如图 5-3 所示。

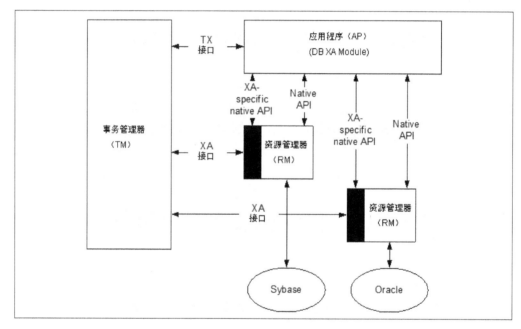

图 5-3　DTP 模型

图 5-3 所示的是一个具体使用 DTP 模型的例子，解释如下。

- AP 与 RM 之间，可以使用 RM 自身提供的 native API 进行交互，这种方式就是使用 RM 的传统方式，并且这个交互不在 TM 的管理范围内。另外，当 AP 和 RM 之间需要进行分布式事务的时候，AP 需要得到对 RM 的连接（此链接由 TM 管理），然后使用 XA 的 native API 来进行交互。

- AP 与 TM 之间，该例子中使用的是 TX 接口，也是由 X/Open 所规范的。它用于对事务进行控制，包括启动事务、提交事务和回滚事务。
- TM 与 RM 之间是通过 XA 接口进行交互的。TM 管理了到 RM 的连接，并实现了两阶段提交。

2. 两阶段提交

我们接下来看一下两阶段提交协议，即 2PC，Two Phase Commitment Protocol。之所以称为两阶段提交，是相对于单库的事务提交方式来说的。我们在单库上完成相关的数据操作后，就会直接提交或者回滚，而在分布式系统中，在提交之前增加了准备的阶段，所以称为两阶段提交。

图 5-4 显示的就是第一阶段提交的情况，可以看到，参与操作的是事务管理器与两个资源。

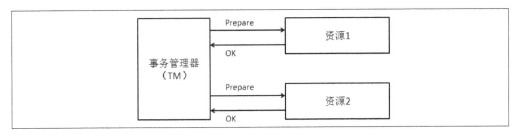

图 5-4 第一阶段

图 5-5 所示的是第二阶段的情况。

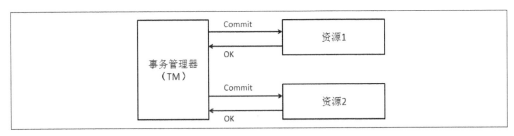

图 5-5 第二阶段

此外还会遇到的另外一种情况，就是在准备阶段有一个资源失败，那么在第二阶段的处理就是回滚所有资源，如图 5-6 和图 5-7 所示。

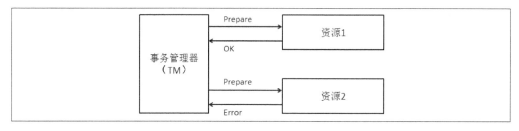

图 5-6　出现问题的第一阶段

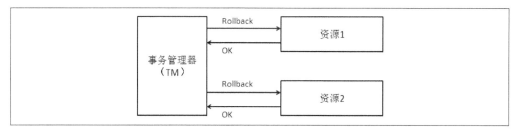

图 5-7　第一阶段出现问题后的第二阶段

前面对两阶段提交的介绍都是在理想状态下的情况。在实际当中，由于事务管理器自身的稳定性、可用性的影响，以及网络通信中可能产生的问题，出现的情况会复杂很多。此外，事务管理器在多个资源之间进行协调，它自身要进行很多日志记录的工作。网络上的交互次数的增多以及引入事务管理器的开销，是使用两阶段提交协议使分布式事务的开销增大的两个方面。

因此，在进行垂直拆分或者水平拆分后，需要想清楚是否一定要引入两阶段的分布式事务，在必要的情况下才建议使用。

这里也列一下两阶段提交协议的参考资料的链接：

http://en.wikipedia.org/wiki/Two-phase_commit_protocol

5.1.3.2 大型网站一致性的基础理论——CAP/BASE

分布式事务希望在多机环境下可以像单机系统那样做到强一致，这需要付出比较大的代价。而在有些场景下，接收状态并不用时刻保持一致，只要最终一致就行。我们这节一了解下 CAP 理论及其对于大型网站的意义。

CAP 理论是 Eric Brewer 在 2000 年 7 月份的 PODC 会议上提出的（可能提出这个理论的时间出乎很多读者的意料），CAP 的涵义如下。

- Consistency：all nodes see the same data at the same time，即所有的节点在同一时间读到同样的数据。这就是数据上的一致性（用 C 表示），也就是当数据写入成功后，所有的节点会同时看到这个新的数据。
- Availability：a guarantee that every request receives a response about whether it was successful or failed，保证无论是成功还是失败，每个请求都能够收到一个反馈。这就是数据的可用性（用 A 表示），这里的重点是系统一定要有响应。
- Partition-Tolerance：the system continues to operate despite arbitrary message loss or failure of part of the system，即便系统中有部分问题或者有消息的丢失，但系统仍能够继续运行。这被称为分区容忍性（用 P 表示），也就是在系统的一部分出现问题时，系统仍能继续工作。

但是，在分布式系统中并不能同时满足上面三项。图 5-8 更直观地解释了 CAP 理论，就是圆的总面积是不变的，我们不能同时增大 C、A、P 三者的面积，我们可以选择其中两个来提升，而另外一个则会受到损失。那么，在进行系统设计和权衡时，其实就是在选择 CA、AP 或是 CP。

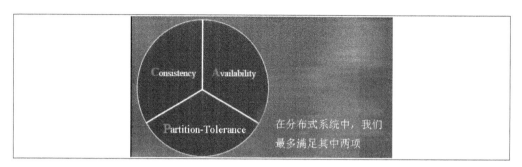

图 5-8　CAP 理论

- 选择 CA，放弃分区容忍性，加强一致性和可用性。这其实就是传统的单机数据库的选择。
- 选择 AP，放弃一致性，追求分区容忍性及可用性。这是很多分布式系统在设计时的选择，例如很多 NoSQL 系统就是如此。
- 选择 CP，放弃可用性，追求一致性和分区容忍性。这种选择下的可用性会比较低，网络的问题会直接让整个系统不可用。

从上面的分析可以看出，在分布式系统中，我们一般还是选择加强可用性和分区容忍性而牺牲一致性。当然，这里所讲的并不是不关心一致性，而是首先满足 A 和 P，然后看如何解决 C 的问题。

我们再来看看 BASE 模型，BASE 涵义如下。

- Basically Available：基本可用，允许分区失败。
- Soft state：软状态，接受一段时间的状态不同步。
- Eventually consistent：最终一致，保证最终数据的状态是一致的。

当我们在分布式系统中选择了 CAP 中的 A 和 P 后，对于 C，我们采用的方式和策略就是保证最终一致，也就是不保证数据变化后所有节点立刻一致，但是保证它们最终是一致的。在大型网站中，为了更好地保持扩展性和可用性，一般都不会选择强一致性，而是采用最终一致的策略来实现。

5.1.3.3　比两阶段提交更轻量一些的Paxos协议

下面介绍 Paxos 协议，它是一个比两阶段提交要轻量的保证一致性的协议。

在分布式系统中，节点之间的信息交换有两种方式，一种是通过共享内存共用一份数据；另一种是通过消息投递来完成信息的传递。而在分布式系统中，通过消息投递的方式会遇到很多意外的情况，例如网络问题、进程挂掉、机器挂掉、进程很慢没有响应、进程重启等情况，这就会造成消息重复、一段时间内部不可达等现象。Paxos 协议是帮助我们解决分布式系统中一致性问题的一个方案。

使用 Paxos 协议有一个前提，那就是不存在拜占庭将军问题。拜占庭位于现在土耳其的伊斯坦布尔，是东罗马帝国的首都。当时拜占庭罗马帝国国土辽阔，防御敌人的各个军队都分隔很远，将军与将军之间只能靠信差传消息。在战争时，拜占庭军队内所有将军和副官必须达成共识，决定出是否有赢的机会才去攻打敌人的阵营。但是，在军队内可能有叛徒或敌军的间谍，扰乱将军们的决定又扰乱整体军队的秩序，他们使得最终的决定结果并不代表大多数人的意见。这时，在已知有成员谋反的情况下，其余忠诚的将军应该如何不受叛徒的影响达成一致的协议？拜占庭将军问题就此形成。也就是说，拜占庭将军问题是一个没有办法保证可信的通信环境的问题，Paxos 的前提是有一个可信的通信环境，也就是说信息都是准确的，没有被篡改。

Paxos 算法的提出过程是，虚拟了一个叫做 Paxos 的希腊城邦，并通过议会以决议的方式介绍 Paxos 算法。

首先把议员的角色分为了 Proposers、Acceptors 和 Learners，议员可以身兼数职，介绍如下。

- Proposers，提出议案者，就是提出议案的角色。
- Acceptors，收到议案后进行判断的角色。Acceptors 收到议案后要选择是否接受（Accept）议案，若议案获得多数 Acceptors 的接受，则该议案被批准

（Chosen）。

- Learners，只能"学习"被批准的议案，相当于对通过的议案进行观察的角色。

在 Paxos 协议中，有两个名词介绍如下。

- Proposal，议案，由 Proposers 提出，被 Acceptors 批准或否决。
- Value，决议，议案的内容，每个议案都是由一个{编号，决议}对组成。

在角色划分后，可以更精确地定义问题，如下所述：

- 决议（Value）只有在被 Proposers 提出后才能被批准（未经批准的决议称为"议案（Proposal）"）。
- 在 Paxos 算法的执行实例中，一次只能批准（Chosen）一个 Value。
- Learners 只能获得被批准（Chosen）的 Value。

对议员来说，每个议员有一个结实耐用的本子和擦不掉的墨水来记录议案，议员会把表决信息记在本子的背面，本子上的议案永远不会改变，但是背面的信息可能会被划掉。每个议员必须（也只需要）在本子背面记录如下信息：

- LastTried[p]，由议员 p 试图发起的最后一个议案的编号，如果议员 p 没有发起过议案，则记录为负无穷大。
- PreviousVote[p]，由议员 p 投票的所有表决中，编号最大的表决对应的投票，如果没有投过票则记录为负无穷大。
- NextBallot[p]，由议员 p 发出的所有 LastVote(b,v)消息中，表决编号 b 的最大值。

基本协议的完整过程如下。

（1）议员 p 选择一个比 LastTried[p]大的表决编号 b，设置 LastTried[p]的值为 b，然后将 NextBallot(b)消息发送给某些议员。

（2）从 p 收到一个 b 大于 NextBallot[q]的 NextBallot(b)消息后，议员 q 将 NextBallot[q]设置为 b，然后发送一个 LastVote(b,v)消息给 p，其中 v 等于 PreviousVote [q]（b≤NextBallot[q]的 NextBallot(b)消息将被忽略）。

（3）在某个多数集合 Q 中的每个成员都收到一个 LastVote(b,v)消息后，议员 p 发起一个编号为 b、法定人数集为 Q、议案为 d 的新表决。然后它会给 Q 中的每一个牧师发送一个 BeginBallot(b,d)消息。

（4）在收到一个 b=NextBallot[q]的 BeginBallot(b,d)消息后，议员 q 在编号为 b 的表决中投出他的一票，设置 PreviousVote [p]为这一票，然后向 p 发送 Voted(b,q) 消息。

（5）p 收到 Q 中每一个 q 的 Voted(b,q)消息后（这里 Q 是表决 b 的法定人数集合，b=LastTried[p]），将 d（这轮表决的法令）记录到他的本子上，然后发送一条 Success(d)消息给每个 q。

（6）一个议员在接收到 Success(d)消息后，将决议 d 写到他的本子上。

从上面的介绍可以看出，Paxos 不是那么容易理解的，不过总结一下核心的原则就是少数服从多数。

大家会发现，如果系统中同时有人提议案的话，可能会出现碰撞失败，然后双方都需要增加议案的编号再提交的过程。而再次提交可能仍然存在编号冲突，因此双方需要再增加编号去提交。这就会产生活锁。

解决的办法是在整个集群当中设一个 Leader，所有的议案都由他来提，这样就可以避免这种冲突了。这其实是把提案的工作变为一个单点，而引发的新问题是如果这个 Leader 出问题了该如何处理，那就需要再选一个 Leader 出来。

以上对于 Paxos 的介绍只是一个非常基础的介绍，读者如果想对此有更深入的了解，可以阅读 *The Part-Time Parliament*、*Paxos Made Simple*、*Consensus on Transaction Commit*、*Cheap Paxos*、*Fast Paxos* 等论文，也可以参考维基百科上 Paxos 的资料，网址为-http://en.wikipedia.org/wiki/Paxos_(computer_science)。

5.1.3.4 集群内数据一致性的算法实例

关于集群内数据的一致性，我们通过 Quorum 和 Vector Clock 算法来具体讲解一下，亚马逊 Dynamo 的论文中对 Quorum 和 Vector Clock 有比较详细的介绍。

先来看 Quorum，它是用来权衡分布式系统中数据一致性和可用性的，我们引入三个变量，如下。

- N：数据复制节点数量。
- R：成功读操作的最小节点数。
- W：成功写操作的最小节点数。

如果 W+R>N，是可以保证强一致性的，而如果 W+R≤N，是能够保证最终一致性的。

根据前面的 CAP 理论，我们需要在一致性、可用性和分区容忍性方面进行权衡。例如，如果让 W=N 且 R=1，就会大大降低可用性，但是一致性是最好的。

Vector Clock 的思路是对同一份数据的每一次修改都加上"<修改者，版本号>"这样一个信息，用于记录修改者的信息及版本号，通过这样的信息来帮助我们解决一些冲突。

假设有如下场景：

Alice、Ben、Catby 和 Dave 四人约定下周要一起聚餐，四个人通过邮件商量聚餐的时间。

Alice 首先建议周三聚餐。

之后 Dave 和 Catby 商量觉得周四更合适。

后来 Dave 又和 Ben 商量之后觉得周二也行。

最后 Alice 要汇总大家的意见，得到的反馈如下：

Catby 说，他和 Dave 商量的时间周四。

Ben 说，他和 Dave 商量的时间是周三。

此时恰好联系不上 Dave，而且不知道 Catby 和 Ben 分别与 Dave 确定时间的先后顺序。

Alice 就不能确定到底该定在哪一天了。

类似的事情经常会发生。当你向两个或几个人问一些消息时，返回的内容往往不一样，而且你不知道哪个是最新的。Vector Clock 就是为了解决这种问题而设计的，简单来说，就是为每一个商议结果附上一个时间戳，当结果改变时，更新时间戳。加上时间戳后，我们再一次描述上面的场景，如下。

当 Alice 第一次提议将时间定为周三时，可以这样描述这个信息：

```
data = Wednesday
vclock = Alice:1
```

vclock 就是这条消息的 Vector Clock，Alice:1 表示这是从 Alice 发出的第一个版本。接着，Dave 和 Ben 商量将时间改为周二，Ben 发给 Dave 的消息如下：

```
data = Tuesday
vclock = Alice:1, Ben:1
```

注意 Ben 这条消息保留了 Alice 的记录，同时加上了自己的记录。Ben:1 代表这是 Ben 第一次修改的记录。接着 Dave 收到 Ben 的消息，并同意将时间改为周二，他回给 Ben 的消息如下：

```
data = Tuesday
vclock = Alice:1, Ben:1, Dave:1
```

这条消息同样保留了原来已有的 vclock 记录，同时加上了自己的记录。

另一方面，Catby 收到 Alice 的消息，打算与 Dave 商量将时间改为周四，于是他发送如下消息给 Dave：

```
data = Thursday
vclock = Alice:1, Catby:1
```

看到这里你可能会奇怪，为什么 vclock 中没有了之前的 Ben 和 Dave 的记录了？这是因为 Ben 和 Dave 商量的时候 Catby 并不知道这个情况。Catby 手中的信息还是 Alice 最初发送的那份。这样当 Dave 收到来自 Catby 的消息时就发现有冲突了。Dave 手中的两份信息如下：

```
date = Tuesday
vclock = Alice:1, Ben:1, Dave:1
date = Thursday
vclock = Alice:1, Catby:1
```

Dave 通过比对两份消息的 vclock 可以发现冲突，这是因为上面两个版本的 vclock 都不是对方的"祖先"。其中 vector clock 对祖先的定义是这样的：对于 vclock A 和 vclock B，当且仅当 A 中的每一个标记 ID 都存在于 B 中，同时 A 中对应的标记版本号要小于等于 B 时，vclockA 才是 vclockB 的祖先。如果标记 ID 不存在，可以认为标记版本号为 0。

Dave 通过对比 vclock 发现了版本冲突，于是尝试解决冲突。两个版本中只能选择一个，他选择了时间为周四的，那么这条消息可以表示为：

```
date = Thursday
vclock = Alice:1, Ben:1, Catby:1, Dave:2
```

Dave 在 vclock 中加上了两个消息中的全部标记 ID（Alice、Ben、Catby 和 Dave），

同时将自己对应的版本号加 1，然后将这条消息发送给 Catby。

最后，当 Alice 从 Catby 和 Ben 收集反馈消息时（此时 Dave 联系不上），收到如下消息。

来自 Ben 的：

```
data = Thursday
vclock = Alice:1, Ben:1, Dave:1
```

来自 Catby 的：

```
data = Thursday
vclock = Alice:1, Catby:1, Ben:1, Dave:2
```

这时 Alice 从 Catby 的消息就可看出，Dave 后来改变主意了。

到这里，我们来介绍一些分布式环境下的与事务相关的算法和实践。从工程上来说，如果能够避免分布式事务的引入，那么还是避免为好；如果一定要引入分布式事务，那么，可以考虑最终一致的方法，而不要追求强一致。而且从实现上来说，我们是通过补偿的机制不断重试，让之前因为异常而没有进行到底的操作继续进行，而不是回滚。如果还不能满足需求，那么基于 Paxos 算法的实现会是一个不错的选择。

5.1.4　多机的 Sequence 问题与处理

当转变为水平分库时，原来单库中的 Sequence 及自增 Id 的做法需要改变。

在大家比较熟悉的 Oracle 里，提供对 Sequence 的支持；在 MySQL 里，提供对 Auto Increment 字段的支持，我们都能很容易地实现一个自增的不重复 Id 的序列。在分库分表后，这就成了一个难题。我们可以从下面两个方向来思考和解决这个问题：

- 唯一性
- 连续性

如果我们只是考虑 Id 的唯一性的话，那么可以参考 UUID 的生成方式，或者根据自己的业务情况使用各个种子（不同维度的标识，例如 IP、MAC、机器名、时间、本机计数器等因素）来生成唯一的 Id。这样生成的 Id 虽然保证了唯一性，但在整个分布式系统中的连续性不好。

接下来看看连续性。这里说的连续性是指在整个分布式环境中生成的 Id 的连续性。在单机环境中，其实就是一个单点来完成这个任务，在分布式系统中，我们可以用一个独立的系统来完成这个工作。

这里提供一个实现方案：我们把所有 Id 集中放在一个地方进行管理，对每个 Id 序列独立管理，每台机器使用 Id 时都从这个 Id 生成器上取。这里有如下几个关键问题需要解决。

- 性能问题。每次都远程取 Id 会有资源损耗。一种改进方案是一次取一段 Id，然后缓存在本地，这样就不需要每次都去远程的生成器上取 Id 了。但是也会带来问题：如果应用取了一段 Id，正在用时完全宕机了，那么一些 Id 号就浪费不可用了。
- 生成器的稳定性问题。Id 生成器作为一个无状态的集群存在，其可用性要靠整个集群来保证。
- 存储的问题。这确实是需要去考虑的问题，底层存储的选择空间较大，需要根据不同类型进行对应的容灾方案。下面介绍两种方式。

如图 5-9 所示，我们在底层使用一个独立的存储来记录每个 Id 序列当前的最大值，并控制并发更新，这样一来 Id 生成器的逻辑就很简单了。

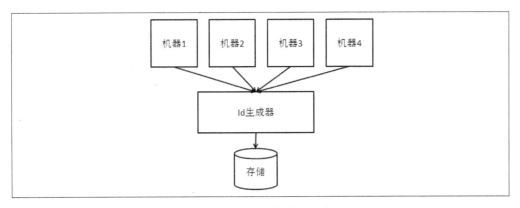

图 5-9 独立 Id 生成器方式

一种改变是直接把 Id 生成器舍掉，把相关的逻辑放到需要生成 Id 的应用本身就行了。也就是说，去掉应用和存储之间的这个独立部署的生成器，而在每个应用上完成生成器要做的工作，即读取可用的 Id 或者 Id 段，然后给应用的请求使用，如图 5-10 所示。

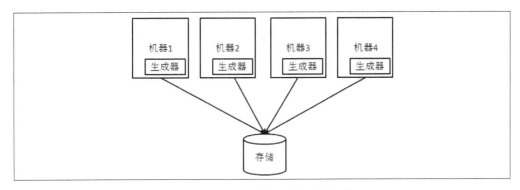

图 5-10 生成器嵌入到应用的方式

不过因为图 5-10 中的方式没有中心的控制节点，并且我们不希望生成器之间还有通信（这会使系统非常复杂），因此数据的 Id 并不是严格按照进入数据库的顺序而增大的，在管理上也需要有额外的功能，这些是需要权衡之处。

5.1.5 应对多机的数据查询

5.1.5.1 跨库Join

解决了 Sequence 的问题，我们接下来看看 Join 的问题。

在分库后，如果需要 Join 的数据还在一个库里面，那就可以直接进行 Jion 操作。例如，我们根据用户的 Id 进行用户相关信息的分库，那么如果查询某个用户在不同表中的一些关联信息，还是可以进行 Join 操作的。如果需要 Join 的数据已经分布在多个库中了，那就需要完成跨库的 Join 操作，这会比较麻烦，解决的思路有如下几种。

- 在应用层把原来数据库的 Join 操作分成多次的数据库操作。举个例子，我们有用户基本信息的数据表，也有用户出售的商品的信息表，需求是查出来登记手机号为 138XXXXXXXX 的用户在售的商品总数。这在单库时用一个 SQL 的 Join 就解决了，而如果商品信息与用户信息分开了，我们就需要先在应用层根据手机号找到用户 Id，然后再根据用户 Id 找到相关的商品总数。
- 数据冗余，也就是对一些常用信息进行冗余，这样就可以把原来需要 Join 的操作变为单表查询。这需要结合具体业务场景。
- 借助外部系统（例如搜索引擎）解决一些跨库的问题。

5.1.5.2 外键约束

外键约束的问题比较难解决，不能完全依赖数据库本身来完成之前的功能了。如果要对分库后的单库做外键约束，就要求分库后每个单库的数据是内聚的，否则就只能靠应用层的判断、容错等方式了。

5.1.5.3 跨库查询的问题及解决

1. 数据库分库分表的演化

我们接下来看一下合并查询的问题。合并查询问题产生的根源在于我们在进行水平分库分表时，把一张逻辑上的表分成了多张物理上的表。例如，我们有一个用户信息表，根据用户 Id 进行分库分表后，物理上就会分成很多用户信息表，如图 5-11 所示。

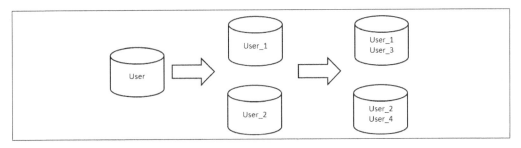

图 5-11 数据分库分表的变化

从图 5-11 可以看到，最初用户信息保存在一个数据库中（最左边的部分）；然后进行了分库，变为了两个库（中间的部分），这两个库存储不同的用户信息，二者加起来等于最初的那个库；然后又进行了分表（右边的部分），也就是在每个库里面又把数据拆为了两张表，这两个库中四张表的数据加在一起等于最左边那个库中的数据。

从逻辑概念上来说，用户信息应该放在一起存储，然而随着数据量、访问量的上升，需要经历分库分表，此时用户信息在物理上是分布在多个数据库的多张表中的，也就是说一张逻辑上的表对应了多张物理上的表，在应用中，对这张逻辑表的查询就需要做跨库跨表的合并了。这个场景和前面的跨库 Join 还不同，跨库 Join 是在不同的逻辑表之间的 Join，在分库后这些 Join 可能需要跨多个数据库，而我们现在看到的合并查询是针对一个逻辑表的查询操作，但因为物理上分到了多个库多个表，因而产生了数据的合并查询。

2．从具体例子看分库分表后查询的问题

来看一个具体的例子，假设我们有下面这样一个用户表（如表 5-1 所示），我们需要找到某一（或某些）省份中符合一定年龄范围的用户。

表 5-1　用户表示例

Id	Name	Age	Gender	Mobile	Province	City	Address
134532131	张三	28	男	1XXXXXX	浙江	杭州	XXXX
134532132	李四	26	男	1XXXXXX	上海	上海	XXXX

在单表时，这是一个非常普通的查询，而分库分表后，我们可能会遇到一些麻烦，具体取决于分库分表的方式。

如果是按照地域分库分表，就是说同一省份的用户信息分在同一数据库的同一个表中，那么这个问题就变为一个单库单表的问题了。如图 5-12 所示，我们按省进行了分库，单个省的所有用户信息都在同一个库中，所以在查询时，确定了省就确定了唯一对应的数据库和表，就如同没有进行分库分表的情况。

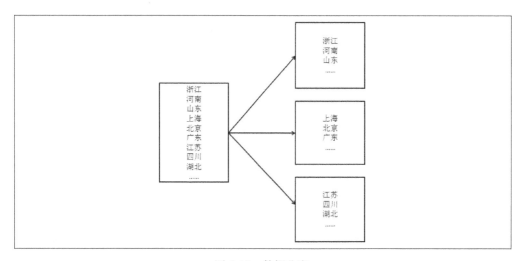

图 5-12　数据分库

如果在这个基础上我们又对库进行了分表，该怎么办？如图 5-13 所示。这时，如果我们要查询某一个省的用户信息，那么还是与单库单表的情况相同；如果查询多个省的用户信息，那么就可能要跨库（例如 province in('浙江', '上海')），也可能在一个库中跨表（例如 province in('浙江', '河南')）。

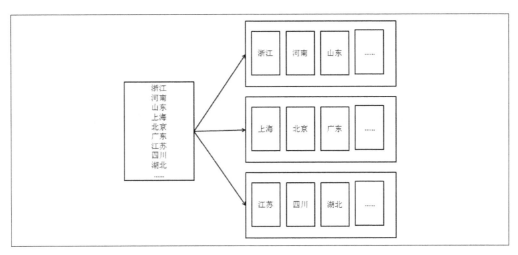

图 5-13　数据分库分表

在这样的情况下，就需要对查询结果在应用上进行合并，这相对比较简单，但是在一些场景下需要进行较为复杂的操作，介绍如下。

（1）排序，即多个来源的数据查询出来后，在应用层进行排序的工作。如果从数据库中查询出的数据是已经排好序的，那么在应用层要进行的就是对多路的归并排序；如果查询出的数据未排序，就要进行一个全排序。

（2）函数处理，即使用 Max、Min、Sum、Count 等函数对多个数据来源的值进行相应的函数处理。

（3）求平均值，从多个数据来源进行查询时，需要把 SQL 改为查询 Sum 和 Count，然后对多个数据来源的 Sum 求和、Count 求和后，计算平均值，这是需要注意的地方。

（4）非排序分页，这需要看具体实现所采取的策略，是同等步长地在多个数据源上分页处理，还是同等比例地分页处理。同等步长的意思是，分页的每页中，来自不同数据源的记录数是一样的；同等比例的意思是，分页的每页中，来自不同数据源的数据数占这个数据源符合条件的数据总数的比例是一样的。举例说明如下。

如图 5-14 所示，假设我们有两个数据源，符合条件的记录数分别是 16 条和 8 条。如果进行每页 4 条数据的分页，则前面四页中会包含两个数据来源的各两条数据，到第五页和第六页时，就只包含第一个数据源中的数据了。这就是我们所说的等步长地从不同数据源中获取数据。图 5-14 中每个小方格代表了一条数据，其中的数字代表该条信息在第几页结果中出现。

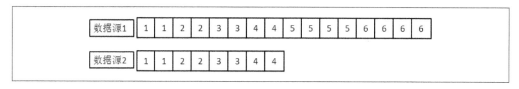

图 5-14 多数据源等步长合并数据

我们再来看一下等比例处理的情况，如图 5-15 所示。数据源与图 5-14 中的相同，假设要进行每页 6 条数据的分页，那么第一页的 6 条数据是从数据源 1 取 4 条，从数据源 2 取 2 条，每次都用这样的方式，到第四页时，刚好把两个数据源中的数据都取完了。可以看到，每次取数据时，从数据源 1 和数据源 2 取出的数量不同，但是占各自数据源总量的比例是相同的，因此用相同的次数完成了数据的获取。

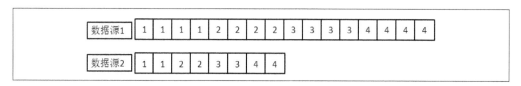

图 5-15 多数据源等比例合并数据

（5）排序后分页，这是把排序和分页放在一起的情况，也是最复杂的情况，最后需要呈现的结果是数据按照某些条件排序并进行分页显示。我们的数据是来自不同数据源的，因此必须把足够的数据返回给应用，才能得到正确的结果，复杂之处就在于将足够的数据返给应用。

来看一下图 5-16，两个数据源中符合条件的数据已经排序好了，假设每个分页需要 4 条数据，那么从图中可以看到，最终的每一页都是由两个数据源中的各 2 条数据组成。那就是说，我们每一页都从两个数据源中各选择 2 条数据就行了。不过，这个方法是不正确的，只是这个特殊的例子碰巧生效而已。

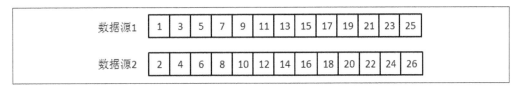

图 5-16　内部排好序的数据源的数据

看一下图 5-17 的例子，排序合并后的第一页是由来自两个数据源的各 2 条数据组成；排序合并后的第二页是全部来自数据源 1 的 4 条数据；第三页则是由两个数据源的各 2 条数据组成；而第四页是由来自数据源 1 的 1 条数据和数据源 2 的 3 条数据组成。因此，我们要从数据源中取足够多的数据才能保证结果的正确。

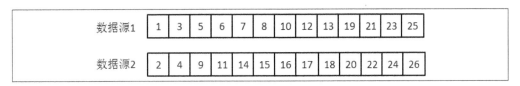

图 5-17　内部排好序的数据源的数据

在取第一页结果时，应该考虑的最极端情况是最终合并后的结果可能都来自一个数据源，所以我们需要从每个数据源取足一页的数据。例如，对于图 5-17 的情况，第一页应该从每个数据源取 4 条数据，然后把这 8 条数据在应用中进行归并排序。

对于第二页，不是把每个数据源的第二页取回来进行合并排序，而是需要把每个数据源的前两页也就是前 8 条数据都取回来进行归并排序，才能得到正确的结果。如果要取第 100 页的数据，就要从每个数据源取前 100 页数据进行归并排序，才能得到正确的结果。也就是说越往后翻页，承受的负担越重。

从上面可以看出，排序分页是合并操作中最复杂的情况了，因此，在访问量很大的系统中，我们应该尽量避免这种方式，尤其是排序后需要翻很多页的情况。

5.2 数据访问层的设计与实现

数据访问层就是方便应用进行数据读/写访问的抽象层，我们在这个层上解决各个应用通用的访问数据库的问题。在分布式系统中，我们也把数据访问层称为分布式数据访问层，有时也简称为数据层。

5.2.1 如何对外提供数据访问层的功能

5.2.1.1 对外提供数据访问层的方式

数据层负责解决应用访问数据库的各种共性问题，那么数据层会以怎样的方式呈现给应用呢？

第一种方式是为用户提供专有 API，不过这种方式是不推荐的，它的通用性很差，甚至可以说没有通用性。一般来说采用这种方式是为了便于实现功能，或者这种方式对一些通用接口方式有比较大的改动和扩展。笔者的第一个版本的数据层就采用了专有 API 的方式，当时使用专有 API 是因为它便于实现功能，当时通过专有 API 让使用者传递了比较多的信息，也通过 API 中的参数把 SQL 的组成部分比较显式地区分开来，绕过了 SQL 的实现。即便采用专有 API 方式，很多系统也会同时提供通用的访问方式（见下文），以便于应用的使用和切换。

第二种方式是通用的方式。在 Java 应用中一般是通过 JDBC 方式访问数据库，数据层自身可以作为一个 JDBC 的实现，也就是暴露出 JDBC 的接口给应用，这时应用的使用成本就很低了，和使用远程数据库的 JDBC 驱动的方式是一样的，迁移成本也非常低。

还有一种方式是基于 ORM 或类 ORM 接口的方式，可以说这种方式介于上面两种方式之间。应用为了开发的高效和便捷，在使用数据库时一般会使用 ORM 或类 ORM 框架，例如 iBatis、hibernate、Spring JDBC 等，我们可以在自己应用使用的 ORM 框架上再包装一层，用来实现数据层的功能，对外暴露的仍然是原来框架的接口。这样的做法对于某些功能来说实现成本比较低，并且在兼容性方面有一定的优势，例如原来系统都用 iBatis 的话，对于应用来说，iBatis 之上的封装就比较透明了。

图 5-18 展示了以上三种方式的结构，从左到右依次是采用数据层专有 API 方式、采用 JDBC 方式，以及基于某个 ORM/类 ORM 接口的方式。

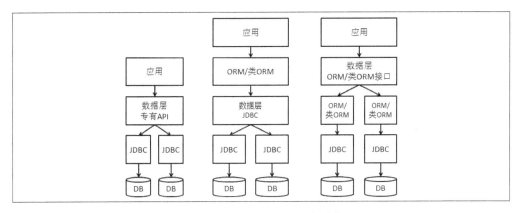

图 5-18　不同接口数据层的结构

从图 5-18 中也可以看出，通过 JDBC 方式使用的数据层是兼容性和扩展性最好的，实现成本上也是相对最高的。底层封装了某个 ORM 框架或者类 ORM 框架的方式具备一定的通用性(不能提供给另外的ORM/类 ORM 框架用)，实现成本相对 JDBC 接口方式的要低。而采用专有 API 的方式是在特定场景下的选择。

除了对外提供接口的方式的差别，在具体场景的实现上也会有差别，从图 5-18 中可以很清楚地看到，专有 API 的方式和对外提供 JDBC 接口的方式都直接使用了下层数据库提供的 JDBC 驱动，因此更加灵活，而基于 ORM/类 ORM 框架的方式则在数据层和 JDBC 驱动之间隔了一个第三方的 ORM/类 ORM 框架，这在有些场景下会造成一些影响。

5.2.1.2　不同提供方式之间在合并查询场景下的对比

我们来回顾一下分库分表后的排序分页的场景，我们需要从多个数据源取足够的数据，然后才能在应用中进行归并排序。对于前面的第三种方式，需要通过 ORM/类 ORM 框架才能得到数据源的数据，在这种情况下，我们就需要把足够多的数据都加载到内存中。例如，我们有两个数据源，要做一个分页查询，每页 20 条数据，这时如果查看第 10 页的话，就需要取回 400 条数据并生成 Java 对象，然后进行归并排序，丢弃不需要的数据。

相对于在 ORM/类 ORM 框架之上的实现，专有 API 方式和 JDBC 方式都要与数据库的 JDBC 驱动直接打交道，而且为了得到正确的排序分页结果也需要获取足够的数据，但是和使用 ORM/类 ORM 框架不同的是，这两种方式并不是一定要把所有数据都获取到应用端并生成对应的 Java 对象。

我们再看一下刚才的示例数据（如图 5-19 所示），假设每页要显示 4 条数据。如果采用 ORM/类 ORM 框架的方式，获取第一页时，需要从数据源 1 获取 1,3,5,7，从数据源 2 获取 2,4,9,11，这 8 个数据都会从数据库中返回并生成对应的对象，进行归并排序后，丢弃 4 个不需要的对象。

图 5-19　内部排好序的数据源的数据

如果采用 JDBC 的方式访问，我们只需要生成 1,3 和 2,4 这 4 个对象就行了，而且如果运气好的话，从数据库传回来的对象也会少，具体取决于 fetch size 的大小设置（fetch size 是指 JDBC 驱动实现时设置的每次从数据库返回的记录数，要考虑平衡网络的开销。如果设置为 1，则每次要获取下一条数据时都需要与数据库通信一次；如果设置得大一些，则一次会取回多条记录，减少了跟数据库交互的次数）。如果我们设置 fetch size 的值为 1，那么一共只取 4 条数据就行了；如果设置为 2，在这个例子中也只是取 4 条数据就行了。因为我们直接使用 JDBC，所以可以对多个数据源使用数据结构中对两个有序链表进行合并排序的方式，而且无论数据如何分布，我们最多只会浪费一个生成的对象。在实际中，每页都会有数十条数据，在获取后面页的内容时，直接基于 JDBC 的优势是比较明显的。

此外，使用 ORM/类 ORM 框架可能会有一些框架自身的限制带来困难。例如，使用 iBatis 的同时想去动态改动 SQL 就会比较困难，而这在直接基于 JDBC 驱动方式的实现中就没有那么困难。

5.2.2 按照数据层流程的顺序看数据层设计

接下来我们先看一下数据层整体的流程，如图 5-20 所示，我们在执行数据库操作时大致是按照图中所示的几个步骤进行的。

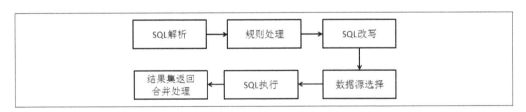

图 5-20　数据层的整理流程

5.2.2.1 SQL解析阶段的处理

在具体实践中，SQL 解析主要考虑的问题有两个。一是对 SQL 支持的程度，是否需要支持所有的 SQL，这需要根据具体场景来做决定；二是支持多少 SQL 的方言，对于不同厂商超出标准 SQL 的部分要支持多少。这些问题没有标准答案，需要根据实际情况去做选择。

具体解析时是使用 antlr、javacc 还是其他工具，就看自己的选择了，当然也可以自己手写。

在进行 SQL 解析时，对于解析的缓存可以提升解析速度。当然需要注意缓存的容量限制，一般系统中执行的 SQL 数量相对可控，不过为了安全，解析的缓存需要加上数量上限。

通过 SQL 解析可以得到 SQL 中的关键信息，例如表名、字段、where 条件等。而在数据层中，一个很重要的事情是根据执行的 SQL 得到被操作的表，根据参数及规则来确定目标数据源连接。

这一部分也可以通过提示（hint）的方式实现，该方式会把一些要素直接传进来，而不用去解析整个 SQL 语句。使用这种方式的一般情况是：

- SQL 解析并不完备（这一般是在发展过程中遇到的问题）。
- SQL 中不带有分库条件，但实际上是可以明确指定分库的。

通过 SQL 解析或者提示方式得到了相关信息后，下一步就是进行规则处理，从而确定要执行这个 SQL 的目标库。

5.2.2.2　规则处理阶段

1. 采用固定哈希算法作为规则

固定哈希的方式为，根据某个字段（例如用户 id）取模，然后将数据分散到不同的数据库和表中。除了根据 id 取模，还经常会根据时间维度，例如天、星期、月、年等来存储数据，这一般用于数据产生后相关日期不进行修改的情况，否则就要涉及数据移动的问题了。根据时间取模多用在日志类或者其他与时间维度密切相关的场景。通常将周期性的数据放在一起，这样进行数据备份、迁移或现有数据的清空都会很方便。

　　来看一下根据 id 取模的例子，如图 5-21 所示。

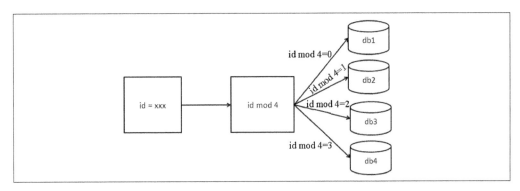

图 5-21　根据 id 取模的例子

　　图 5-21 展示的就是固定哈希方式的分库方法，如果又要分表，则可以按照如图 5-22 来做，如下。

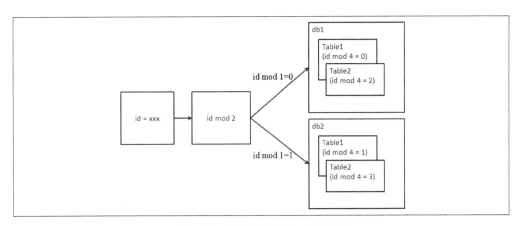

图 5-22　根据 id 分库分表的例子

从图 5-22 中可以看到，我们把数据分到了两个数据库的四张表里，首先通过模 2（mod 2）确定了数据的分库，然后通过模 4（mod 4）进行了数据库内部的分表。这个过程也可以做一些变化，如图 5-23 所示。

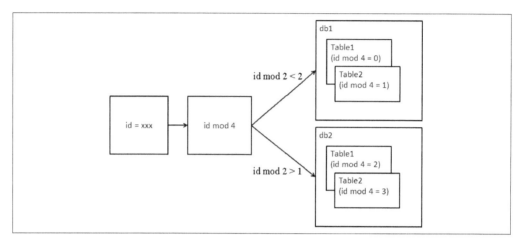

图 5-23　通过 id 分库分表的例子（方式 2）

同样是分为两个库四张表，不同的是这里直接通过模 4（mod 4）来确定了分库，把模 4 结果为 0 和 1 的放在 db1，然后把模 4 结果为 2 和 3 的放在 db2，这样得到的最终数据的布局与前面一种不同。至于要怎么分布数据就要看业务需要了。固定哈希的规则设置和实现都很简单，不过如果扩容的话就会比较复杂。例如上面的例子，如果从原来的两个库四张表扩容到三个库六张表的话，那么只有那些 id 模 4 的结果和 id 模 6 的结果相同的数据不用迁移，其他的数据都要迁移（大约有 2/3 的数据要迁移）。

2．一致性哈希算法带来的好处

一致性哈希（Consistent Hashing），是 MIT 的 Karger 及其合作者在 1997 年发表的学术论文中提出的，很多做分布式系统的读者是在 Amazon 的 dynamo 论文中了解到一致性哈希的。图 5-24 展示了一致性哈希的含义。

　　一致性哈希所带来的最大变化是把节点对应的哈希值变为了一个范围，而不再是离散的。在一致性哈希中，我们会把整个哈希值的范围定义得非常大，然后把这个范围分配给现有的节点。如果有节点加入，那么这个新节点会从原有的某个节点上分管一部分范围的哈希值；如果有节点退出，那么这个节点原来管理的哈希值会给它的下一个节点来管理。假设哈希值范围是从 0 到 100，共有四个节点，那么它们管理的范围分别是[0,25)、[25,50)、[50,75)、[75,100]。如果第二个节点退出，那么剩下节点管理的范围就变为[0,25)、[25,75)、[75,100]，可以看到，第一个和第四个节点管理的数据没影响，而第三个节点原来所管理的数据也没有影响，只需要把第二个节点负责的数据接管过来就行了。如果是增加一个节点，例如在第二个和第三个节点之间增加一个，则这五个节点所管理的范围变为[0,25)、[25,50)、[50,63)、[63,75)、[75,100]，可以看到，第一个、第二个、第四个节点没有受影响，第三个节点有部分数据也没受影响，另一部分数据要给新增的节点来管理。

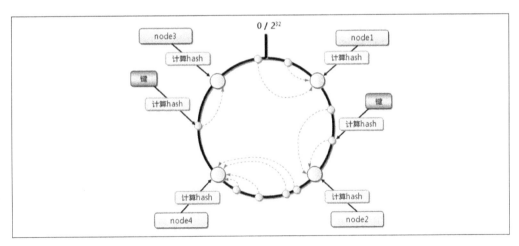

图 5-24　一致性哈希

　　读者可能从增加节点和减少节点的例子中觉察到了问题：新增一个节点时，除了新增的节点外，只有一个节点受影响，这个新增节点和受影响的节点的负载是明显比其他节点低的；减少一个节点时，除了减去的节点外，只有一个节点受影响，它要承担自己原来的和减去的节点的工作，压力明显比其他节点要高。这似乎要增加一倍节点或减去一半节点才能保持各个节点的负载均衡。如果真是这样，一致性哈希的优势就不明显了。

3. 虚拟节点对一致性哈希的改进

为了应对上述问题，我们引入虚拟节点的概念。即 4 个物理节点可以变为很多个虚拟节点，每个虚拟节点支持连续的哈希环上的一段。而这时如果加入一个物理节点，就会相应加入很多虚拟节点，这些新的虚拟节点是相对均匀地插入到整个哈希环上的，这样，就可以很好地分担现有物理节点的压力了；如果减少一个物理节点，对应的很多虚拟节点就会失效，这样，就会有很多剩余的虚拟节点来承担之前虚拟节点的工作，但是对于物理节点来说，增加的负载相对是均衡的。所以可以通过一个物理节点对应非常多的虚拟节点，并且同一个物理节点的虚拟节点尽量均匀分布的方式来解决增加或减少节点时负载不均衡的问题。

4. 映射表与规则自定义计算方式

映射表是根据分库分表字段的值的查表法来确定数据源的方法，一般用于对热点数据的特殊处理，或者在一些场景下对不完全符合规律的规则进行补充。常见的情况是以前面的方式为基础，配合映射表来用。

最后要介绍的规则自定义计算方式是最灵活的方式，它已经不算是以配置的方式来做规则了，而是通过比较复杂的函数计算来解决数据访问的规则问题，可以说是扩展能力最强的一种方式。我们可以通过自定义的函数实现来计算最终的分库。

举例来说，假设根据 id 取模分成了 4 个库，但是对于一些热点 id，我们希望将其独立到另外的库，那么通过类似下面的表达式就可以完成：

```
if (id in hotset) {
    return 4;
}
return id % 4;
```

5.2.2.3　为什么要改写SQL

前面介绍了规则对分库分表的支持，如何设定规则，也就是如何分库分表，没有绝对统一的原则，一般的标准是分库后尽可能避免跨库查询。这里我们举一个商品的例子，如表 5-2 所示。

表 5-2　商品信息表示例

商品 Id	卖家 Id	商品标题	数量	价格	……

从上面的结构可以看到，我们可以根据商品 Id 分库，不论是取模的方式还是一致性哈希的方式都可以实现，不过带来的一个问题是，同一个卖家的商品可能会分在多个库里面，如果要从数据库中获取同一个卖家的商品就要跨库。

我们也可以按照卖家 Id 来分库，这样可以保证同一个卖家的商品在一个数据库里面。但是如果要根据商品 Id 进行商品查询就麻烦了，因为只有商品 Id 是不能确定这个商品在哪个数据库中的，还需要卖家 Id 或者其他的标志才可以确定。具体采用哪种标准来分库需要根据具体的需求和相关系统进行综合考虑。

对于应用给数据层执行的 SQL，除了根据规则确定数据源外，我们可能还需要修改 SQL。为什么要修改呢？

想想我们遇到的问题，我们的数据表从原来单库单表变为了多库多表，这些分布在不同数据库中的表的结构一样，但是表名未必一模一样。如果把原来的表分布在多库且每个库都只有一个表的话，那么这些表是可以同名的，但是如果单库中不止一个表，那就不能用同样的名字，一般是在逻辑表名后面增加后缀，例如原来的表名为 User，那么分库分表后的表就可以命名为 User_1、User_2 等。

在命名表时有一个需要做出选择之处，就是不同库中的表名是否要一样？如果每个表的名字都是唯一的，看起来似乎不太优雅，但是可以避免很多误操作，另外，表名唯一在进行路由和数据迁移时也比较便利。

除了修改表名，SQL 的一些提示中用到的索引名等，在分库分表时也需要进行相应的修改，需要从逻辑上的名字变为对应数据库中物理的名字。

另外，还有一个需要修改 SQL 的地方，就是在进行跨库计算平均值的时候，不能从多个数据源取平均值，再计算这些平均值的平均值，而必须修改 SQL 获取到数量、总数后再进行计算。

对于没有经过 SQL 解析的 SQL，在进行 SQL 替换时要特别注意，需要对各种情况全面思考，不要产生错误的替换。

5.2.2.4　如何选择数据源

接下来讲数据源的选择。在规则部分我们已经确定了数据源，具体一点说应该是规则可以帮助确定一组数据源，而在这里需要确定是具体的某个数据源。

如图 5-25 所示，在 User 经历了分库分表后，我们会给分库后的库都提供备库，也就是原来的一个数据库会变为一个数据库的矩阵了。分库是把数据分到了不同的数据分组中。我们决定了数据分组后，还需要决定访问分组中的哪个库。这些库一般是一写多读的（也有多写多读的），根据当前要执行的 SQL 特点（读、写）、是否在事务中以及各个库的权重规则，计算得到这次 SQL 请求要访问的数据库。

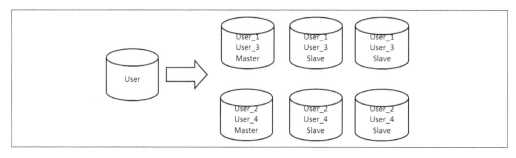

图 5-25　分库分表后的结构

5.2.2.5 执行SQL和结果处理阶段

接下来是 SQL 的执行和执行结果的处理。在 SQL 执行的部分，比较重要的是对异常的处理和判断，需要能够从异常中明确判断出数据库不可用的情况。而关于执行结果的处理，在之前一些特殊情况中都已经提及，这里不再重复了。

5.2.2.6 实战经验分享

1．复杂的连接管理

前面介绍了 SQL 的执行，而在数据层的实现中，除了顺序地看到 SQL 的执行外，连接管理方面也是非常复杂的。

下面的代码是使用 JDBC 进行 SQL 操作的一个简单示例代码，其中没有考虑处理异常的情况。我们在前面看到的从 SQL 解析开始的执行，其实只相当于这段代码中 executeQuery 的部分，而在执行前生成的 Connection 对象、PreparedStatement 对象都是数据层自己的实现。这些实现都需要遵守 JDBC 的规范，具体的实现还是很有挑战的。

```
String sql = "select name from user where id = ?";
Connection conn = this.getConnection();
PreparedStatement ps = conn.prepareStatement(sql);
ps.setInt(1, 11);
ResultSet rs = ps.executeQuery();
ps.close();
conn.close();
```

在上面的代码中，我们是直接执行一个 PreparedStatement 的方法，得到结果后就结束了。而在另一些事务场景下会执行多个 PreparedStatement 方法，这要求在 PreparedStatement 具体执行 SQL 时，需要从 Connection 对象中获取同样的连接，并且如果连接有问题要报错。也就是说需要对异常的情况有全面的考虑，而这些也是我们选择对外暴露 JDBC 接口的一个代价。

2．三层数据源的支持和选择

对于 Java 应用引入数据源的情况，我们一般会采用 Spring 做如下的配置：

```
<bean id="dataSource" class="org.apache.commons.dbcp.BasicDataSource"
    destroy-method="close">
    <property name="driverClassName" value="com.mysql.jdbc.Driver" />
    <property name="url" value="jdbc:mysql://localhost:3306/sampledb" />
    <property name="username" value="test" />
    <property name="password" value="test" />
</bean>
```

上面是使用 Apache BasicDataSource 的一个具体例子，数据层是从 DataSource 接口开始和应用对接。除了前面的 Connection、PreparedStatement、Connection 对象外，还需要实现一个 DataSource 对象，如图 5-26 所示。

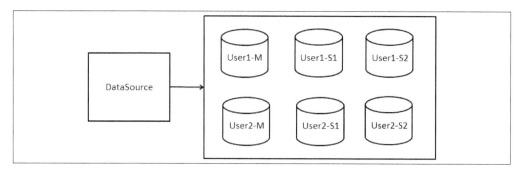

图 5-26　管理整个分库的数据源

在图 5-26 中，DataSource 管理了分库以后的整体的数据库，或者说管理了数据库集群。在这个 DataSource 的实现中，完成了前面介绍的数据层的全部工作。

在使用上，DataSource 可以通过 Spring 的方式配置到应用中，替换掉前面代码中的 BasicDataSoure。从前面的例子看到，配置 DataSource 需要设置数据库的驱动（决定了数据库的类型，例如，是 MySQL 还是 Oracle 或者其他的数据库），以及数据库的地址、端口等连接用信息，此外还要设置用户名和密码。

如果使用这个数据层的 DataSource，可能就需要如下配置：

```
<bean id="dataSource" class="org.vanadies.ddal. DataSource"
    destroy-method="close">
<bean class="org.vanadies.ddal.RuleManager">
<!--根据不同的规则管理实现，会有不同的属性设置
 -->
</bean>
<property name="dsList">
<list>
    <bean class="org.vanadies.ddal.DbInfo">
<property name="driverClassName" value="com.mysql.jdbc.Driver" />
    <property name="url" value="jdbc:mysql://localhost:3306/sampledb" />
    <property name="username" value="test " />
    <property name="password" value="test" />
    <property name="id" value="User1-M/">
    <property name="type" value="master"/>
    </bean>
    <bean class="org.vanadies.ddal.DbInfo">
<property name="driverClassName" value="com.mysql.jdbc.Driver" />
    <property name="url" value="jdbc:mysql://localhost:3306/sampledb" />
    <property name="username" value="test" />
    <property name="password" value="test" />
    <property name="id" value="User1-S/">
    <property name="type" value="slave"/>
    </bean>
  </list>
</property>
</bean>
```

上面的配置信息是 DataSource 所需的信息。可以看到，配置还是比较多的，而且这里仅配置了两个库，在真实场景中，分库后的数据库节点数量一般都远超两个，配置量会非常大。从工程角度来看，我们可以把上面的 driverClassName、username 和 password 抽取出来，做成一个公共配置，当然这会要求同一个业务的分库选择同样的数据库（一般都符合，不过在系统迁移或者更换不同类型 DB 的过渡期，可能会有所不同），设置同样的用户名和密码。

即便简化了配置，这样的方式还是有不足的地方，即这个配置在所有用到这个数据库集群的地方都有一份，如果发生变动，更新会比较麻烦。在具体工程实践上，可以把配置集中在一个地方管理，这样使用配置的应用就可以去配置管理中心获取具体配置内容，修改时只需要修改配置管理中心中的值就可以了。配置管理中心的相关内容会在后续的章节中介绍。

这个管理了整个业务的数据库集群的 DataSource 看起来是比较优雅的，是一个 all-in-one 的解决方案。但是在具体场景中，可能会比较重（不够轻量级），业务应用没有其他的选择，只能要么使用数据层的所有功能，要么就不用数据层。大家再看看前面数据库集群的图，我们是可以对这个完整的 DataSource 的功能进行分层的，如图 5-27 所示。

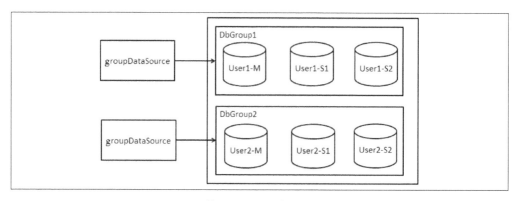

图 5-27　管理分库后的读/写库的数据源

在图 5-27 中，我们对原来的 6 个分库进行了分组，将管理同样数据的数据库分在一个组，User 分为了 User1 和 User2，其中 User1-M 与 User1-S1、User1-S2 所管理的数据是相同的（这里不考虑数据复制产生的延迟），只是角色不同（读/写、主/备的差异）。User2-M、User2-S1、User2-S2 是类似的关系。

这里我们引入了 groupDataSource，也就是分组的 DataSource，用于管理整个业务数据库集群中的一组数据库。从图 5-27 可以看到，groupDataSource 相对于完整的 DataSource 来说，可以不管理具体的规则，也可以不进行 SQL 解析。它是作为一个相对基础的数据源提供给业务的，那么，groupDataSource 重点解决的问题是什么呢？是在要访问这个分组中的数据库时，解决具体访问数据库的选择问题，具体的选择策略是 groupDataSource 要完成的重点工作，包括根据事务、读/写等特性选择主备，以及根据权重在不同的库间进行选择，我们来看 groupDataSource 的配置。

```xml
<bean id="groupDataSource1" class="org.vanadies.ddal. GroupDataSource"
        destroy-method="close">
<property name="dsList">
<list>
    <bean class="org.vanadies.ddal.DbInfo">
<property name="driverClassName" value="com.mysql.jdbc.Driver" />
        <property name="url" value="jdbc:mysql://localhost:3306/sampledb" />
        <property name="username" value="test" />
        <property name="password" value="test" />
        <property name="id" value="User1-M/">
        <property name="type" value="master"/>
    </bean>
    <!--同组其他数据库配置-->
  </list>
</property>
<bean id="groupDataSource2" class="org.vanadies.ddal. GroupDataSource"
        destroy-method="close">
<property name="dsList">
<list>
    <bean class="org.vanadies.ddal.DbInfo">
<property name="driverClassName" value="com.mysql.jdbc.Driver" />
        <property                                        name="url"
value="jdbc:mysql://localhost:3306/sampledb" />
        <property name="username" value="test" />
        <property name="password" value="test" />
        <property name="id" value="User2-M/">
        <property name="type" value="master"/>
    </bean>
    <!--同组其他数据库配置-->
  </list>
</property>
</bean>
```

从上面的配置可以看到，在 Spring 中关于 groupDataSource 的配置已经不需要配置规则相关的部分了，而对数据库自身的配置与之前是类似的，并且是通过 Spring 配置了多个 groupDataSource 给应用，也就是说应用完全知道有几个数据库分组，并且在应用内部决定了数据访问应该走的分组，如果有需要库分组的工作（例如查询合并），是需要应用自己来解决的。

看了这两个层面上的 DataSource，读者应该会发现，如果采用完整的 DataSource，对于应用来说只会看到一个 DataSource，可以少关心很多事情，不过可能会受到 DataSource 本身的限制；如果采用 groupDataSource 会有更大的自主权。如果采用完整 DataSource，对于后端业务的数据库集群的管理会更方便，例如我们可以进行一些扩容、缩容的工作而不需要应用太多的感知；而使用 groupDataSource 就意味着绑定了分组数量，这样要进行扩容、缩容时是需要应用进行较多配合的。虽然使用 groupDataSource 不能进行整体的扩容、缩容，但是可以进行组内的扩容、缩容、主备切换等工作，这也是 groupDataSource 最大的价值。在一些活动或者可预期的访问高峰前，可以给每个分组挂载上备库，通过配置管理中心更改配置，就可以让应用使用新的数据库，同样，可以通过配置管理中心的配置更改下线数据库，以及进行主备库的切换。

　　对数据源分组之后，我们再进行数据源功能切分，构建 AtomDataSource。从图 5-28 中可以清楚地看到，AtomDataSource 仅管理一个具体的数据库。很多读者看到这里可能会有疑问，只管理一个具体的数据库使用各种第三方库提供的 DataSource 的实现不就行了吗，为什么还要自己在数据层的实现中提供一个管理单个库的 AtomDataSource 呢？

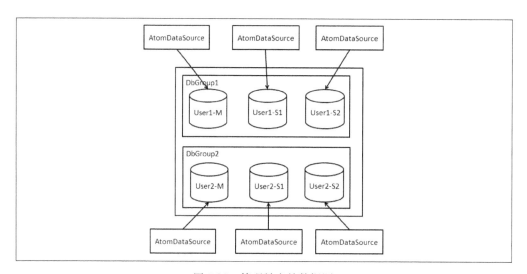

图 5-28　管理单库的数据源

　　在本小节刚开始的那个例子中，我们看到了使用 Apache BasicDataSource 的情况，像 c3p0 这样的开源第三方数据源的组件也都可以通过 Spring 配置或者应用中的代码来创建实例。另外一种数据源的使用方式是在容器里的,例如在 JBoss 中的数据源配置就是一个例子:

```
    <datasources>
      <local-tx-datasource>
        <jndi-name>User1-M</jndi-name>
<connection-url>jdbc:mysql://localhost:3306/sampledb</connection-url>
        <driver-class>com.mysql.jdbc.Driver</driver-class>
        <user-name>test</user-name>
        <password>test</password>
<exception-sorter-class-name>org.jboss.resource.adapter.jdbc.vendor.My
SQLExceptionSorter</exception-sorter-class-name>
      </local-tx-datasource>
    </datasources>
```

可以看到,在 JBoss 容器中,配置的基本信息和前面的 Spring 里面的 Apache Basic-DataSource 的配置项是类似的。这两种方式的最大缺点都是不够动态,并且对于进行 SQL 执行的降级隔离等业务稳定性方面没有很多的支持。

而假如我们通过 AtomDataSource 把单个数据库的数据源的配置集中存储,那么在定期更换密码、进行机房迁移等需要更改 IP 地址或改变端口时就会非常方便。另外,通过 AtomData-Source 也可以帮助我们完成在单库上的 SQL 的连接隔离,以及禁止某些 SQL 的执行等和稳定性相关的工作。

所以我们需要抽象出一个 AtomDataSource,关于 AtomDataSource 的 Spring 的配置方式,除了增加的属性外,与 BasicDataSource 基本类似,这里就不具体给出了。

图 5-29 所示是把整体 DataSource 分层后为应用提供的三层数据源实现,应用可以根据自己的需要灵活地进行选择。

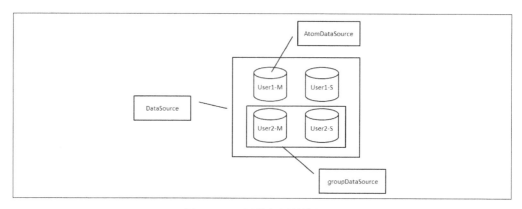

图 5-29 三层数据源整体视图

5.2.3 独立部署的数据访问层实现方式

接下来，我们具体看一下数据层对应用的具体呈现方式。首先，从数据层的物理部署来说可以分为 jar 包方式和 Proxy 的方式，这和之前介绍服务框架时是很类似的。

如果采用 Proxy 方式的话，客户端与 Proxy 之间的协议有两种选择：数据库协议和私有协议，如图 5-30 所示，这两种方式各有优劣。

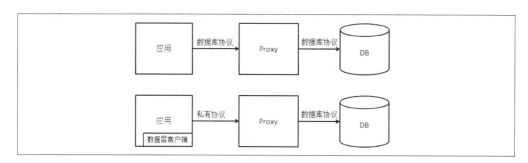

图 5-30 独立部署的数据访问层

- 采用数据库协议时，应用就会把 Proxy 看做一个数据库，然后使用数据库本身提供的 JDBC 的实现就可以连接 Proxy。因为应用到 Proxy、Proxy 到 DB 采用的都是数据库协议，所以，如果使用的是同样的协议，例如都是 MySQL 协议，那么在一些场景下就可以减少一次 MySQL 协议到对象然后再从对象到 MySQL 协议的转换。不过采用这种方式时 Proxy 要完全实现一套相关数据库的协议，这个成本是比较高的，此外，应用到 Proxy 之间也没有办法做到连接复用。

- 采用私有协议时，Proxy 对外提供的通信协议是我们自己设计的（这就类似我们在上一章看到的服务框架中使用的协议），并且需要一个独立的数据层客户端，这个协议的好处是，Proxy 的实现会相对简单一些，并且应用到 Proxy 之间的连接是可以复用的。

图 5-31 所示是一个基础的 Proxy 的结构，可以看到，在接入应用的请求部分提供了 MySQL 协议和自身协议两种方式（这里用 MySQL 协议是为了举例），而在连接数据库的部分，可以使用具体协议的适配器访问，也可以用数据库提供的 JDBC 驱动访问。直接使用数据库协议是适配的方式，更加灵活，是直接在协议层来控制数据，也能够实现上述少一次转换就完成调用的工作。

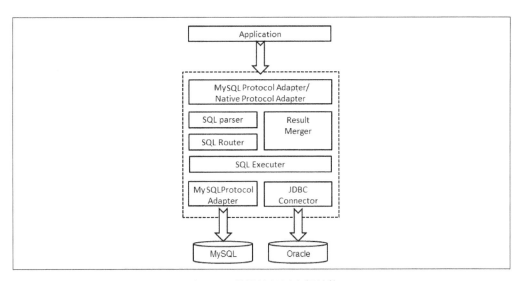

图 5-31 数据访问层内部结构

5.2.4 读写分离的挑战和应对

接下来我们看一下读写分离部分会遇到的挑战和应对。

图 5-32 所示是一个常见的应用使用读写分离的场景。通过读写分离的方案，可以分担主库（Master）的读的压力。这里面存在一个数据复制的问题，也就是把主库的数据复制到备库（Slave）去。

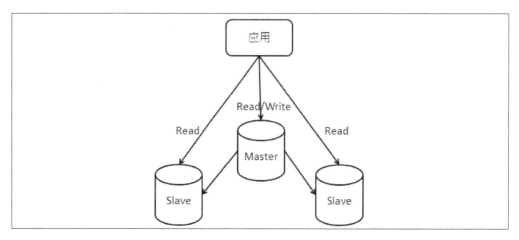

图 5-32　读写分离结构

5.2.4.1 主库从库非对称的场景

1. 数据结构相同，多从库对应一主库的场景

读者对 MySQL 都比较熟悉，通过 MySQL 的 Replication 可以解决复制的问题，并且延迟也相对较小。在多从库对应一主库的情况下，业务应用只要根据自身的业务特点把对数据延迟不太敏感的读切换到备库来进行就可以了。可是，如果我们遇到的是图 5-33 所示的情况呢？我们的 Slave 该如何做？数据复制又该如何做呢？

图 5-33　一个要做读写分离的例子

首先来看 Slave。从成本上来说，Slave 采用 PC Server 和 MySQL 的方案是比较划算的。那么对于一个主库，需要多台采用 MySQL 的 PC Server 来对应，每台 PC Server 对应原来 Master 中的一部分数据，也就是进行了分库，如图 5-34 所示。

图 5-34　多个分库合起来成为主库的读库

我们该如何进行数据复制呢？下面介绍一个可供参考的方案，如图 5-35 所示。

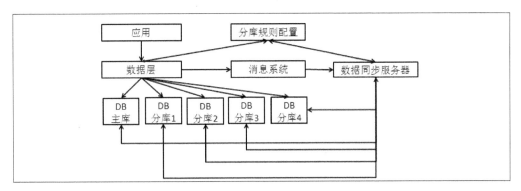

图 5-35　通过消息解决数据同步的方案

从图 5-35 可以看到，应用通过数据层访问数据库，通过消息系统就数据库的更新送出消息通知，数据同步服务器获得消息通知后会进行数据的复制工作。分库规则配置则负责在读数据及数据同步服务器更新分库时让数据层知道分库规则。数据同步服务器和 DB 主库的交互主要是根据被修改或新增的数据主键来获取内容，采用的是行复制的方式。

可以说这是一个不优雅但是能够解决问题的方式。比较优雅的方式是基于数据库的日志来进行数据的复制。

2．主/备库分库方式不同的数据复制

数据库复制在读写分离中是一个比较关键的任务。一般情况下进行的是对称的复制，也就是镜像，但是也会有一些场景进行非对称复制。这里的非对称复制是指源数据和目标数据不是镜像关系，也指源数据库和目标数据库是不同的实现。

我们来看一个例子，如图 5-36 所示。

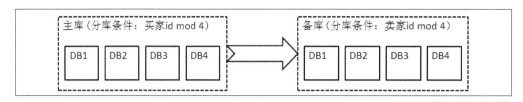

图 5-36 数据分库条件不同的数据同步

这是一个虚拟的订单的例子。在主库中，我们根据买家 id 进行了分库，把所有买家的订单分到了 4 个库中，这保证了一个买家查询自己的交易记录时都是在一个数据库上查询的，不过卖家的查询就可能跨多个库了。我们可以做一组备库，在其中按照卖家 id 进行分库，这样卖家从备库上查询自己的订单时就都是在一个数据库中了。那么，这就需要我们完成这个非对称的复制，需要控制数据的分发，而不是简单地进行镜像复制。

3. 引入数据变更平台

复制到其他数据库是数据变更的一种场景,还有其他场景也会关心数据的变更,例如搜索引擎的索引构建、缓存的失效等。我们可以考虑构建一个通用的平台来管理和控制数据变更。

如图 5-37 所示,我们引入 Extractor 和 Applier,Extractor 负责把数据源变更的信息加入到数据分发平台中,而 Applier 的作用是把这些变更应用到相应的目标上,中间的数据分发平台是由多个管道组成。不同的数据变更来源需要有不同的 Extractor 来进行解析和变更进入数据分发平台的工作。进入到数据分发平台的变更信息就是标准化、结构化的数据了,根据不同的目标用不同的 Applier 把数据落地到目标数据源上就可以了。因此,数据分发平台构建好之后,主要的工作就是实现不同类型的 Extractor 和 Applier,从而接入更多类型的数据源。

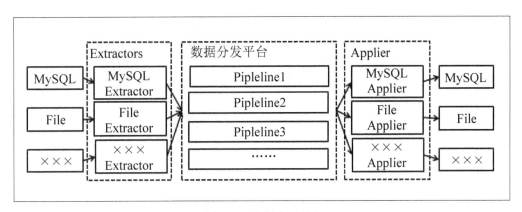

图 5-37　数据变更平台

5.2.4.2　如何做到数据平滑迁移

我们接下来看看数据库的平滑迁移。对于没有状态的应用,扩容和缩容是比较容易的。而对于数据库,扩容和缩容会涉及数据的迁移。如果接受完全停机的扩容或者缩容,就会比较容易处理,停机后进行数据迁移,然后校验并且恢复系统就可以了；但是如果不能接受长时间的停机，那该怎么办呢？

对数据库做平滑迁移的最大挑战是，在迁移的过程中又会有数据的变化。可以考虑的方案是，在开始进行数据迁移时，记录增量的日志，在迁移结束后，再对增量的变化进行处理。在最后，可以把要被迁移的数据的写暂停，保证增量日志都处理完毕后，再切换规则，放开所有的写，完成迁移工作。

我们来看一种简单的情况，假设数据库中就只有一个数据表，格式如表 5-3 所示。

表 5-3　用户信息表示示例

id	name	age	gender

我们希望根据 id 取模把这个表划分在两个数据库中，也就是 id mod 2 为 0 的还在原来的数据库表中，而 id mod 2 为 1 的分到新的数据库表中。假设我们只有 4 条数据，我们来看一下前面描述的过程。

（1）首先我们确定要开始扩容，并且开始记录数据库的数据变更的增量日志，如图 5-38 所示。

图 5-38　开始扩容

这时增量日志和新库表都还是空的。我们用 id 来标识记录，用 v 标识版本号（这不是数据库表的业务字段，而是我们为了讲清楚平滑迁移过程而加上的标志）。

（2）接下来，数据开始复制到新库表，并且也有更新进来。可能会形成如图 5-39 所示的局面。

图 5-39　数据开始复制到新库表

可以看到，id=1 和 id=3 的数据已经在新库表中了，但是 id=1 的记录版本是旧的，而 id=3 的记录版本已经是新的了。

当我们把源库表中的数据全部复制到新库表中后，一定会出现的情况是，由于在复制的过程中会有变化，所以新库表中的数据不全是最新的数据。

（3）当全量迁移结束后，我们把增量日志中的数据也进行迁移，如图 5-40 所示。

图 5-40　迁移增量日志中的数据

可以发现，这个做法并不能够保证新库表的数据和源库表的数据一定是一致的，因为我们处理增量日志时，还会有新的增量日志进来，这是一个逐渐收敛的过程。

（4）然后我们进行数据比对，这时可能会有新库数据和源库数据不同的情况，把它们记录下来。

（5）接着我们停止源数据库中对于要迁移走的数据的写操作，然后进行增量日志的处理，以使得新库表的数据是新的。

（6）最后更新路由规则，所有新数据的读或写就到了新库表，这样就完成了整个迁移过程。

有了平滑迁移的支持，我们在进行数据库扩容和缩容时就会相对标准化和容易了，否则恐怕每次的扩容都要变成一个项目才能完成了。

5.3 总结

本章的最后我们再回顾一下数据层。随着数据量、访问量的增大，我们会对数据进行分库分表，这会为数据访问带来一些共性问题，数据层正是为此而产生的。其实应用在进行数据读或写的时候，不仅会用到数据库，还会用到分布式文件系统、缓存系统、搜索系统等。传统上来说，这些系统会提供不同的 API 给应用，应用要非常清楚自己要获取的数据的分布并采用不同的 API 处理。可以考虑的一种策略是扩大数据层的覆盖，把这些不同来源的数据都包装在数据层的访问之下，对外提供统一的接口处理。

另外，我们知道在不同的查询场景下，会使用不同的方式和维度来构建索引以提高查询速度，这些对于使用来说都是透明的，结合数据变更通知和迁移，可以实现多维度多形式的索引和一定限制条件下的分布式数据库。

最后我们来回顾一下整个数据层的结构图，如图 5-41 所示。可以看到应用有多种选择，而代理层除了可以使用 DB 的 native 的 API 方式外，还可以像应用一样使用各种方式来完成工作。从应用到 DB 层就是一个链式的处理过程，并且多数组件都是对外提供 JDBC 的实现，这样也可以方便各个组件进行替换。第 6 章我们会一起进入消息中间件的世界。

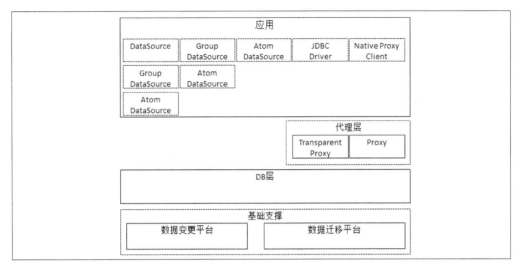

图 5-41 数据层的结构图

6

第 6 章
消息中间件

6.1　消息中间件的价值

6.1.1　消息中间件的定义

　　有了服务框架和数据层，已经可以解决网站从集中式走向分布式过程中的非常多的问题了，而消息中间件可以说是需要的最后一块拼图。

　　先来回顾一下第 2 章给出的消息中间件的概念和图示（如图 6-1 所示），如下。

　　"**Message-oriented middleware(MOM)**is software infrastructure focused on sending and receiving messages between distributed systems."

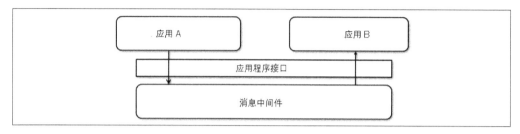

图 6-1　消息中间件

从传统意义上讲，消息中间件为我们带来了异步的特性，对系统进行了解耦，这对于大型分布式系统来说有非常重要的意义。在第 4 章和第 5 章中，我们看到了一些功能对于消息中间件的依赖。消息中间件本身是一个比较宽泛的范畴，在本章中，我们更多的是介绍考虑大型网站需求的消息中间件的设计与实现，并且会与 Java 领域的 JMS 进行对比。

接下来我们先看一个具体的例子。

6.1.2　透过示例看消息中间件对应用的解耦

6.1.2.1　通过服务调用让其他系统感知事件发生的方式

假设我们要做一个用户登录系统，其中需要支持的一个功能是，用户登录成功后发送一条短信到用户的手机，算是一个用户安全的选项，如图 6-2 所示。

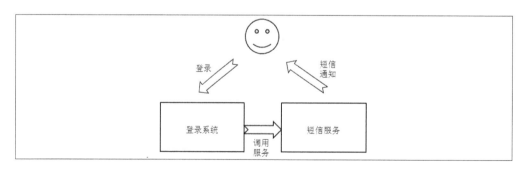

图 6-2　登录系统直接调用短信服务

然后，我们需要把用户登录的信息（时间、IP、用户名等数据）传给我们的安全系统，安全系统会进行安全策略相关的处理和判断。此时的结构会变成图 6-3 所示的样子。

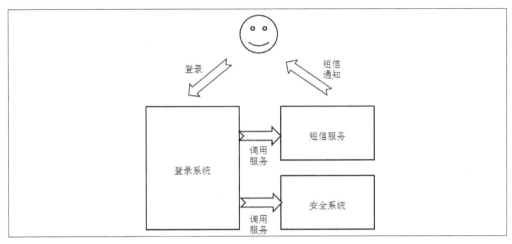

图 6-3　登录系统增加对安全系统的直接调用

这样看起来还好，但是如果再增加一些登录成功后需要被调用的系统呢？如图 6-4 所示。

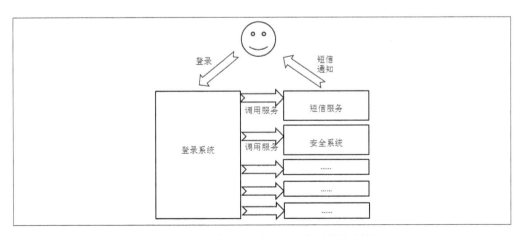

图 6-4　登录系统增加了对其他很多系统的直接调用

这会让登录系统变得非常复杂。每增加一个在登录成功后需要被调用的系统，就需要修改登录系统来进行相关的调用。优雅一点的实现是把这个登录成功后的服务调用变为一种可扩展的配置，甚至可以动态生效，但这只能降低变更时的开发和部署成本，并没有降低复杂性。登录系统要被迫依赖非常多的系统。

6.1.2.2 通过引入消息中间件解耦服务调用

我们思考一下，如果从登录系统的角度来看，这些系统是登录系统必须依赖的吗？答案是否定的，登录系统只需要验证用户名和密码的合法性（也许还会包含验证码等登录验证合法性的必需要素），所以登录系统必须依赖的是能够提供用户名、密码的系统，而图 6-4 中的系统其实都不是登录系统必须依赖的系统。相反，这些系统是必须依赖登录系统的，因为它们都关心登录是否成功这件事情。

在这样的场景中，我们需要通过消息中间件把上面的结构解耦，上面结构中的服务调用将会被固定格式的消息的传递所取代。登录系统负责向消息中间件发送消息，而其他的系统则向消息中间件来订阅这个消息，然后完成自己的工作，如图 6-5 所示。

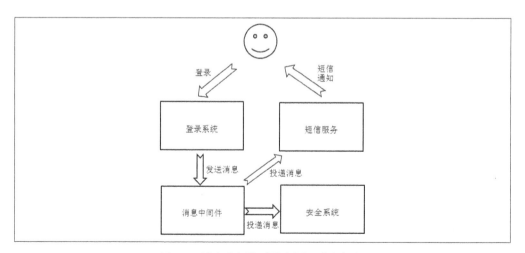

图 6-5 消息中间件对服务调用进行解耦

通过消息中间件解耦，登录系统就不用关心到底有多少个系统需要知道登录成功这件事了，也不用关心如何通知它们，只需要把登录成功这件事转化为一个消息发送到消息中间件就可以了。这样，需要了解登录成功这件事的系统自己去消息中间件订阅就行了。并且各个系统之间也是互不影响的。

这里需要注意一点，就是当登录成功时需要向消息中间件发送一个消息，那么我们必须保证这个消息发送到了消息中间件，否则依赖这个消息的系统就无法工作了。这个问题有一个不太优雅的解决方式，如图 6-6 所示。

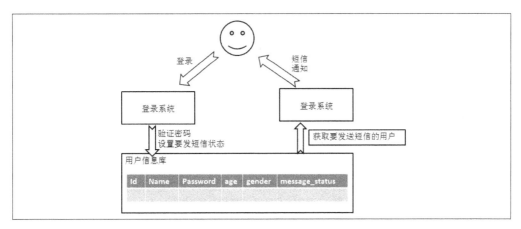

图 6-6　保证消息一定能被处理的方式

图 6-6 所示的思路是，我们在数据库中记录状态，然后让用到这个状态的系统自己来查。这个记录状态的数据库是操作中一定会依赖的数据库，如果它出问题就会导致对状态的记录不成功，业务操作也就不会成功了。图 6-6 所示是把状态记录在用户库的用户记录上了。不过这个例子是有一个小问题的，就是如果用户读信息时数据库正常，这时就能完成密码的验证，但是如果去记录状态时数据库不可用，那就还是有问题的（后面我们会看到如何解决）。如果这里只是对数据库的写操作的话，那就没有问题了，例如修改用户信息的操作，那么是可以在一个 SQL 中完成用户信息的更改并设置要发送短信这个状态，这样可以保证操作本身和状态更新的原子性。

对于需要感知状态的应用来说，需要定时轮询数据库以查看状态，并且在做完操作后，需要更改状态从而使得下次就不用再处理了。

可以说这是一个能解决问题的 work around 方法，实现也比较简单。不过也存在以下几个问题：

- 增加了业务数据库的负担。一个状态字段所占的空间还可以接受，但是这个数据库需要被其他系统持续地定时轮询，并且进行更新，这就大大增加了数据库的负担。
- 依赖的复杂和不安全。该方案使得发送短信的服务要依赖业务数据库，这导致依赖复杂并且不合理，另外，发送短信的服务对数据库记录有修改的权限，这也不安全。
- 扩展性不好。对于前面的多个需要在业务动作成功后来做后续工作的系统，如果把该方式用于这样的系统的话，我们就需要增加很多个字段，或者使这些字段变得可共享又相互不能影响。并且会增加大量的定时对业务数据库的轮询请求。

对于这些问题，我们也期望通过消息中间件来解决。

6.2　互联网时代的消息中间件

在 6.1 节中我们通过例子了解了消息中间件的价值，接下来我们着重介绍适合互联网特点的消息中间件的设计。

在开始介绍互联网时代的消息中间件前，我们必须讲一下 JMS。JMS 是 Java Message Service 的缩写，它是 Java EE（企业版 Java）中的一个关于消息的规范，而 Hornetq、ActiveMQ 等产品是对这个规范的实现。如果是企业内部或者一些小型的系统，直接使用 JMS 的实现产品是一个经济的选择，而在大型系统中有一些场景不适合使用 JMS。

在大型互联网中，我们采用消息中间件可以进行应用之间的解耦以及操作的异步，这是消息中间件的两个最基础的特点，也正是我们需要的。在此基础上，我们着重思考的是消息的顺序保证、扩展性、可靠性、业务操作与消息发送一致性，以及多集群订阅者等方面的问题，这些内容会在后面的小节中呈现给读者。我们从上一节提到的保证消息一定被处理开始介绍。

6.2.1 如何解决消息发送一致性

6.2.1.1 消息发送一致性的定义

首先，我们需要弄清楚消息发送一致性究竟是什么。消息发送一致性是指产生消息的业务动作与消息发送的一致，就是说，如果业务操作成功了，那么由这个操作产生的消息一定要发送出去，否则就丢失消息了。而另一方面，如果这个业务行为没有发生或者失败，那么就不应该把消息发出去。

6.2.1.2 消息发送一致性很难保证吗

如果要写处理业务逻辑的代码和发送消息的代码，该怎么写呢？

下面是一段伪代码，是在某些实践中的用法。从中可以看到以下两个问题。

```
void foo1(){
//业务操作
//例如写数据库，调用服务等
//发送消息
}
```

- 业务操作在前，发送消息在后，如果业务失败了还好（当然业务自己不觉得好），如果成功了，而这时这个应用出问题，那么消息就发不出去了。
- 如果业务成功，应用也没有挂掉，但是这时消息系统挂掉了，也会导致消息发不出去。

我们来看另外一种做法，伪代码如下：

```
void foo1(){
//发送消息
//业务操作
//例如写数据库，调用服务等
}
```

这种方式更不可靠，在业务还没有做时消息就发出了。

在具体的工程实践中，第一种做法丢失消息的比例相对是很低的。当然，对于要求必须保证一致性的场景，上面的两种方案都不能接受。

6.2.1.3 大家熟知的JMS有办法吗

使用 JMS 可以实现消息发送一致性吗？我们来看看 JMS 发送消息的部分。首先看看 JMS 中几个比较重要的要素。

- Destination，是指消息所走通道的目标定义，也就是用来定义消息从发送端发出后要走的通道，而不是最终接收方。Destination 属于管理类的对象。
- ConnectionFactory，从名字就能看出来，是指用于创建连接的对象ConnectionFactory 属于管理类的对象。
- Connection，连接接口，所负责的重要工作是创建 Session。
- Session，会话接口，这是一个非常重要的对象，消息的发送者、接收者以及消息对象本身，都是由这个会话对象创建的。
- MessageConsumer，消息的消费者，也就是订阅消息并处理消息的对象。
- MessageProducer，消息的生产者，就是用来发送消息的对象。
- XXXMessage，是指各种类型的消息对象，包括 BytesMessage、MapMessage、ObjectMessage、StreamMessage 和 TextMessage 5 种。

在 JMS 消息模型中，有 Queue 和 Topic（在后面会详细介绍）之分，所以，前面的 Destination、ConnectionFactory、Connection、Session、MessageConsumer、MessageProducer 都有对应的子接口。表 6-1 显示了前面各要素在 Queue 模型（PTP Domain）和 Topic 模型（Pub/Sub Domain）下的对应关系。

表 6-1　Queue 模型和 Topic 模型下各要素对比

JMS Common	PTP Domain	Pub/Sub Domain
ConnectionFactory	QueueConnectionFactory	TopicConnectionFactory
Connection	QueueConnection	TopicConnection
Destination	Queue	Topic
Session	QueueSession	TopicSession
MessageProducer	QueueSender	TopicPublisher
MessageConsumer	QueueReceiver	TopicSubscriber

此外，在 JMS 的 API 中，我们看到很多以 XA 开头的接口，它们其实就是支持 XA 协议的接口，它们与表 6-1 中各要素的对应关系如表 6-2 所示。

表 6-2　XA 系列接口与对应的非 XA 系列接口

XA 系列接口名称	对应的非 XA 接口名称
XAConnectionFactory	ConnectionFactory
XAQueueConnectionFactory	QueueConnectionFactory
XATopicConnectionFactory	TopicConnectionFactory
XAConnection	Connection
XAQueueConnection	QueueConnection
XATopicConnection	TopicConnection
XASession	Session
XAQueueSession	QueueSession
XATopicSession	TopicSession

可以看到，XA 系列的接口集中在 ConnectionFactory、Connection 和 Session 上，而 MessageProducer、QueueSender、TopicPublisher、MessageConsumer、QueueReceiver 和 TopicSubscriber 则没有对应的 XA 对象。这是因为事务的控制是在 Session 层面上的，而 Session 是通过 Connection 创建的，Connection 是通过 ConnectionFactory 创建的，所以，这三个接口需要有 XA 系列对应的接口的定义。Session、Connection、ConnectionFactory 在 Queue 模型和 Topic 模型下对应的各个接口也存在相应的 XA 系列的对应接口。

下面展示了消息最重要的要素（消息、发送者、接收者）与几个基本元素之间的关系。

```
ConnectionFactory➔Connection➔Session➔Message
Destination + Session➔ MessageProducer
Destination + Sessoin➔ MessageConsumer
```

在 JMS 中，如果不使用 XA 系列的接口实现，那么我们就无法直接得到发送消息给消息中间件及业务操作这两个事情的事务保证，而 JMS 中定义的 XA 系列的接口就是为了实现分布式事务的支持（发送消息和业务操作很难做在一个本地事务中，后面会讲到一些变通的做法）。但是这会带来如下问题。

- 引入了分布式事务，这会带来一些开销并增加复杂性。
- 对于业务操作有限制，要求业务操作的资源必须支持 XA 协议，才能够与发送消息一起来做分布式事务。这会成为一个限制，因为并不是所有需要与发送消息一起做成分布式事务的业务操作都支持 XA 协议。

6.2.1.4 有其他的办法吗

从 6.2.1.3 节可以看到，JMS 是可以解决消息发送一致性的问题的，但是存在一些限制并且成本相对较高。那么，我们有没有其他的办法呢？

我们来思考一下要解决的问题，我们希望保证业务操作与发送相关消息的动作是一致的，而前面的简单方案不能完全保证，但是出现问题的概率并不大，所以，我们希望找到一种解决方案，这种方案对正常流程的影响要尽可能小，而在有问题的场景能解决问题。

从这个方面看，即便可以做到业务操作都是支持 XA 的，如果采用这样的方式引入两阶段提交的话，那么还是把方案做得有些重了。

针对这个问题，我们可以用图 6-7 所示的方案来解决，流程介绍如下。

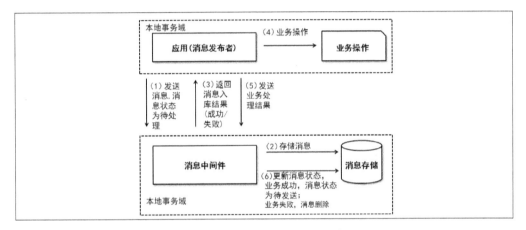

图 6-7　最终一致性方案的正向流程

（1）业务处理应用首先把消息发给消息中间件，标记消息的状态为待处理。

（2）消息中间件收到消息后，把消息存储在消息存储中，并不投递该消息。

（3）消息中间件返回消息处理的结果（仅是入库的结果），结果是成功或者失败。

（4）业务方收到消息中间件返回的结果并进行处理：

　　a）如果收到的结果是失败，那么就放弃业务处理，结束。

　　b）如果收到的结果是成功，则进行业务自身的操作。

（5）业务操作完成，把业务操作的结果发送给消息中间件。

（6）消息中间件收到业务操作结果，根据结果进行处理：

　　a）如果业务失败，则删除消息存储中的消息，结束。

　　b）如果业务成功，则更新消息存储中的消息状态为可发送，并且进行调度，进行消息的投递。

这就是整个流程。在这里读者一定会有一个疑问，即在最简单的版本中，我们只有业务操作和发消息两步，仍然会可能产生很多异常，那么现在这个过程的步骤更多，产生异常的可能点更多，是如何能够保证业务操作和发送消息到消息中间件是一致的呢？

我们对每一个步骤可能产生的异常情况来进行分析。

（1）业务应用发消息给消息中间件。如果这一步失败了，无论是网络的原因还是消息中间件的原因，或是业务应用自身的原因，我们都会看到业务操作没有做，消息也没有被存储在消息中间件中，业务操作和消息的状态是一样的，没有问题。

（2）消息中间件把消息入库。如果这一步失败，无论是消息存储有问题，还是消息中间件收到业务消息后有问题，或是网络问题，可能造成的结果有两个。一个是消息中间件失效，那么业务应用是收不到消息中间件的返回结果的；二是消息中间件插入消息失败，并且有能力返回结果给应用，这时消息存储中都没有消息。

（3）业务应用接收消息中间件返回结果异常。这里出现异常的原因可能是网络、消息中间件的问题，也可能是业务应用自身的问题。如果业务应用自身没问题，那么业务应用并不知道消息在消息中间件的处理结果，就会按照消息发送失败来处理，如果这时消息在消息中间件那里入库成功的话，就会造成不一致。如果是业务应用有问题，那么如果消息在消息中间件中处理成功的话，也就会造成不一致了；如果未处理成功，则还是一致的。

（4）业务应用进行业务操作。这一步不会产生太大问题。

（5）业务应用发送业务操作结果给消息中间件。如果这一步出现问题，那么消息中间件将不知道该如何处理已经存储在消息存储中的消息，可能会造成不一致。

（6）消息中间件更新消息状态。如果这一步出现问题，与上一步所造成的结果是类似的。

从上面的分析可以看出，需要了解的两个主要的控制状态和流程的节点就是业务应用和消息中间件，我们可以分别从业务应用和消息中间件的视角来梳理一下，如表 6-3 和表 6-4 所示。

表 6-3　从业务应用的视角分析异常情况

异常情况	可能的状态
发送消息给消息中间件前失败	业务操作未进行，消息未入存储
消息发出后没有收到消息中间件的响应	业务操作未进行，消息存入存储，状态为待处理 业务操作未进行，消息未入存储
收到消息中间件返回成功，但是没有来得及处理业务就失败	业务操作未进行，消息存入存储，状态为待处理

表 6-4　从消息中间件的视角分析异常情况

异常情况	可能的状态
没有收到业务应用关于业务操作的处理结果	业务操作未进行，消息存入存储，状态为待处理 业务操作未进行（回滚），消息存入存储，状态为待处理 业务操作成功，消息存入存储，状态为待处理
收到业务应用的业务操作结果,处理存储中的消息状态失败	业务操作未进行，消息存入存储，状态为待处理 业务操作未进行（回滚），消息存入存储，状态为待处理 业务操作成功，消息存入存储，状态为待处理

从上面的梳理和分析可以看到，对于各种异常情况我们遇到的状态有如下三种：

- 业务操作未进行，消息未入存储。
- 业务操作未进行，消息存入存储，状态为待处理。
- 业务操作成功，消息存入存储，状态为待处理。

这三种情况中，第一种情况不需要进行额外的处理，因为本身就是一致的；第二种和第三种都需要了解业务操作的结果，然后来处理已经在消息存储中、状态是待处理的消息。

那么如何了解业务操作的结果呢？

图 6-8 展示了这个过程。由消息中间件主动询问业务应用，获取待处理消息所对应的业务操作的结果，然后业务应用需要对业务操作的结果进行检查，并且把结果发送给消息中间件（业务处理结果有失败、成功、等待三种，等待是多出来的一种状态，代表业务操作还在处理中），然后消息中间件根据这个处理结果，更新消息状态。可以说这是发送消息的一个反向的流程。

图 6-8　最终一致性方案的补偿流程

同样，这个流程也会出现很多异常。不过这个 4 步的流程就是为了确认业务处理操作结果，真正的操作只是根据业务处理结果来更改消息的状态，所以，前面 3 步都与查询相关，如果失败就失败了，而最后一步的更新状态如果失败了，那么就定时重复这个反向流程，重复查询就可以了。

发送消息的正向流程和检查业务操作结果的反向流程合起来，就是解决业务操作与发送消息一致性的方案。在大多数的情况下，反向流程是不需要工作的。我们来看看正向流程是否带来了额外的负担，对比如表 6-5 所示。

表 6-5　解决一致性方案与传统方式的对比

传统方式	解决一致性的方案
（1）业务操作	（1）发送消息给消息中间件
（2）发送消息给消息中间件	（2）消息中间件入库消息
（3）消息中间件入库消息	（3）消息中间件返回结果
（4）消息中间件返回结果	（4）业务操作
	（5）发送业务操作结果给消息中间件
	（6）更改存储中消息状态

从上面的对比可以看到，解决一致性的方案是只增加了一次网络操作和一次更新存储中消息状态的操作，就是第 5 步和第 6 步两步。而前面 4 步和传统方式所做的事情都一样，只是顺序有所不同。所以，整体上带来的额外开销并不大，而且还有可优化的点。

接着来看一下使用方式。可以看到解决一致性的方案中，在业务应用那里是有一个固化的流程的，可以提供一个封装来方便业务应用的使用，伪代码如下。

```
Result postMessage(Message, PostMessageCallback){
//发送消息给消息中间件
//获取返回结果
//如果失败，返回失败
//进行业务操作
```

```
//获取业务操作结果
//发送业务操作结果给消息中间件
//返回处理结果
}
```

可以看到，我们可以把实现逻辑封装在一个调用中，然后把业务的操作包装成一个对象传进来，然后整个流程就可以控制在这个方法中了。

当然，除了发送一致性的消息之外，也应该提供一个传统的发送消息的接口，也就是不支持发送一致性的发送接口。

此外，为了适应其他的场景（例如与现有的事务处理流程结合等），也会提供独立的接口，就会把这个流程的控制权交给业务应用自身。

6.2.2　如何解决消息中间件与使用者的强依赖问题

回顾一下解决业务操作和发送消息一致性的方案，会发现我们更多地关注了如何保持和解决一致性的问题，但是忽略了一个问题，那就是消息中间件变成了业务应用的必要依赖。也就是说，如果消息中间件系统（包括使用的消息存储、业务应用到消息中间件的网络等）出现问题，就会导致业务操作无法继续进行，即便当时业务应用和业务操作的资源都是可用的。

我们需要思考如何解决这个问题，思路有如下三种：

- 提供消息中间件系统的可靠性，但是没有办法保证百分之百可靠。
- 对于消息中间件系统中影响业务操作进行的部分，使其可靠性与业务自身的可靠性相同。
- 可以提供弱依赖的支持，能够较好地保证一致性。

第一种方案，提升消息中间件系统的可靠性是必须要做的事情，但是我们无法保证百分之百可靠。

第二种方案，让消息中间件系统中影响业务操作的部分与业务自身具有同样的可靠性，其实就是要保证如果业务能操作成功，就需要消息能够入库成功。因为如果消息中间件出问题了，可以接受投递的延迟，但是需要保证消息入库，这样业务操作才可以继续进行。那么，可行的方式只有一种，如图 6-9 所示。

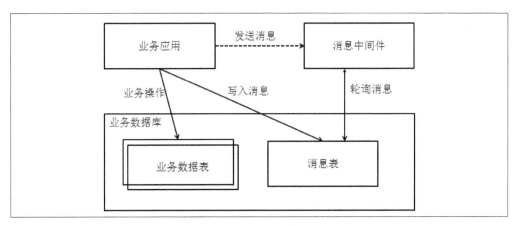

图 6-9　应用和消息中间件一起操作消息表结构

我们把消息中间件所需要的消息表与业务数据表放到同一个业务数据库中，这样，业务应用就可以把业务操作和写入消息作为一个本地事务来完成，然后再通知消息中间件有消息可以发送，这样就解决了一致性的问题。从图 6-9 中可以看到这一步是虚线表示的，代表它不是一个必要的操作和依赖。消息中间件会定时去轮询业务数据库，找到需要发送的消息，取出内容后进行发送。这个方案对业务系统有如下三个影响：

- 需要用业务自己的数据库承载消息数据。
- 需要让消息中间件去访问业务数据库。

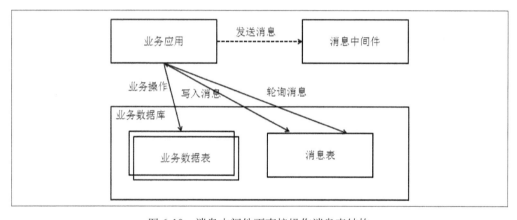

- 需要业务操作的对象是一个数据库，或者说支持事务的存储，并且这个存储必须能够支持消息中间件的需求。

我们在上面的基础上进行一下变通，如图 6-10 所示。这个方案和图 6-9 中方案的区别是，消息中间件不再直接与业务数据库打交道。消息表还是放在业务数据库中，完全由业务数据库来控制消息的生成、获取、发送及重试的策略。这样，消息中间件就不需要与众多使用这种消息一致性发送的业务方的数据库打交道了，不过比较多的逻辑是从消息中间件的服务端移动到消息中间件的客户端，并且在业务应用上执行。消息中间件更多的是管理接收消息的应用，并且当有消息从业务应用发过来后就只管理投递，把原来的调度、重投、投递等逻辑分到了客户端和服务端两边。

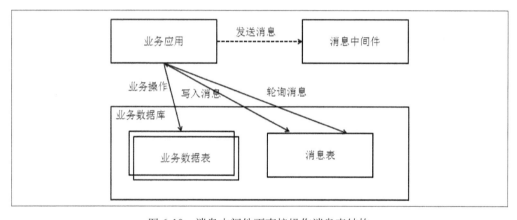

图 6-10　消息中间件不直接操作消息表结构

图 6-9 和图 6-10 中的两种方式虽然已经解决了大部分问题，但是它们都要求业务操作是支持事务的数据库操作，具有一定的限制性，这里我们可以再进行一下变通。

我们考虑把本地磁盘作为一个消息存储，也就是如果消息中间件不可用，又不愿或不能侵入业务自己的数据库时，可以把本地磁盘作为存储消息的地方，等待消息中间件回复后，再把消息送到消息中间件中（如图 6-11 所示）。所有的投递、重试等管理，仍然是在消息中间件进行，而本地磁盘的定位只是对业务应用上发送消息一定成功的一个保证。

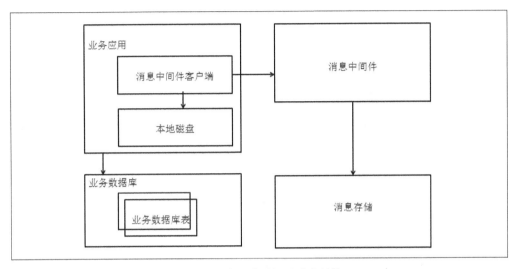

图 6-11　应用本地记录消息结构

这种方式存在的风险是，如果消息中间件不可用，而且写入本地磁盘的数据也坏了的话，那么消息就丢失了。这确实是个问题，所以，从业务数据上进行消息补发才是最彻底的容灾的手段，因为这样才能保证只要业务数据在，就一定可以有办法恢复消息了。

将本地磁盘作为消息存储的方式有两种用法，一是作为一致性发送消息的解决方案的容灾手段，也就是说该方式平时不工作，出现问题时才切换到该方式上；二是直接使用该方式来工作，这样可以控制业务操作本身调用发送消息的接口的处理时间，此外也有机会在业务应用与消息中间件之间做一些批处理的工作。

最后，我们来看一下业务操作与发送消息一致性的方案所带来的两个限制。

- 需要确定要发送的消息的内容。因为我们在业务操作做之前会把状态标记为待处理，这要求先能确定消息内容；这里可以有一个变通，即先把主要内容也就是能够标记该次业务操作特点的信息发过来，然后等业务操作结束后需要更新状态时再补全内容。不过这还是要求在业务操作之前能够确定一些索引性质的信息。
- 需要实现对业务的检查。也就是说为了支持反向流程的工作，业务应用必须能够根据反向流程中发回来的消息内容进行业务操作检查，确认这个消息所指向的业务操作的状态是完成、待处理，还是进行中，否则，待处理状态的消息就无法被处理了。

6.2.3　消息模型对消息接收的影响

前面讲述了消息发送端的内容，我们接下来看一下消息模型。在 JMS 中，有 Queue（点对点）和 Topic（发布/订阅）两种模型，我们来看看这两种模型的特点。

6.2.3.1　JMS Queue模型

图 6-12 显示的是 JMS Queue 模型，可以看到，应用 1 和应用 2 发送消息到 JMS 服务器，这些消息根据到达的顺序形成一个队列，应用 3 和应用 4 进行消息的消费。这里需要注意的是，应用 3 和应用 4 收到的消息是不同的，也就是说在 JMS Queue 的方式下，如果 Queue 里面的消息被一个应用处理了，那么连接到 JMS Queue 上的另一个应用是收不到这个消息的，也就是说所有连接到这个 JMS Queue 上的应用共同消费了所有的消息。消息从发送端发送出来时不能确定最终会被哪个应用消费，但是可以明确的是只有一个应用会去消费这条消息，所以 JMS Queue 模型也被称为 Peer To Peer（PTP）方式。

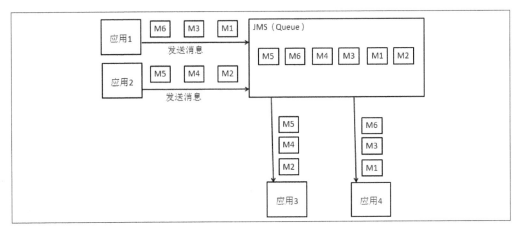

图 6-12 JMS Queue 模型

6.2.3.2 JMS Topic模型

图 6-13 显示的是 JMS Topic 模型。从发送消息的部分和 JMS Topic 内部的逻辑来看，JMS Topic 和 JMS Queue 是一样的，二者最大的差别在于消息接收的部分，在 Topic 模型中，接收消息的应用 3 和应用 4 是可以独立收到所有到达 Topic 的消息的。JMS Topic 模型也被称为 Pub/Sub 方式。

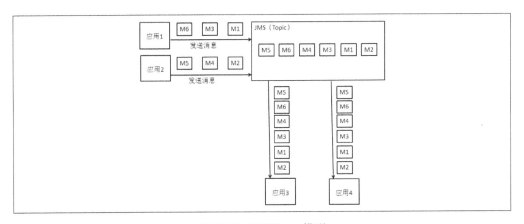

图 6-13 JMS Topic 模型

6.2.3.3 JMS中客户端连接的处理和带来的限制

在使用 JMS 时，每个 Connection 都有一个唯一的 ClientId，用于标记连接的唯一性，也就是说刚才对 Queue 和 Topic 的介绍中，我们是默认一个接收应用只用了一个连接。现在来看一下多连接的情况，如图 6-14 所示。

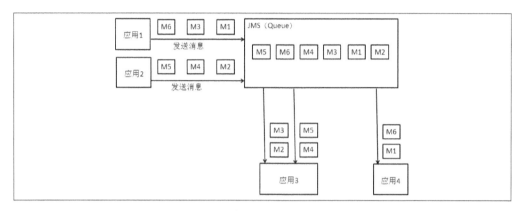

图 6-14　从连接角度看应用从 Queue 中接收消息

这里需要强调一下，图 6-14 中的应用 3 和应用 4 表示的是两个不同的应用，并且表示的是运行应用代码的一个物理进程。其中，应用 3 和 JMS 服务器建立了两个连接，应用 4 和 JMS 服务器建立了一个连接，可以看到这三个连接所接收的消息是完全不同的，每个连接收到的消息条数以及收到消息的顺序则不是固定的。

图 6-15 中，应用 3、应用 4 也是表示两个进程，运行不同的应用代码。其中应用 3 和 JMS 服务器建立了一个连接，应用 4 和 JMS 服务器建立了两个连接，可以看到，这两个应用一共建立了三个连接，每个连接都会收到所有发送到 Topic 的消息。

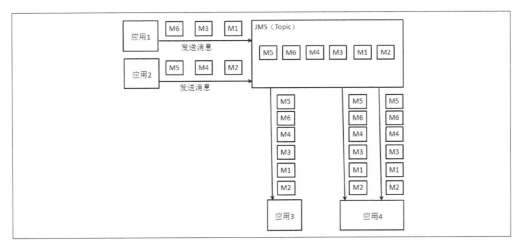

图 6-15　从连接角度看应用从 Topic 中接收消息

6.2.3.4　我们需要什么样的消息模型

了解了 JMS 中的消息模型及连接管理的信息，接下来思考一下我们需要的到底是怎样的消息模型。先分析一下我们所要满足的需求：

- 消息发送方和接收方都是集群。
- 同一个消息的接收方可能有多个集群进行消息的处理。
- 不同集群对于同一条消息的处理不能相互干扰。

从前面对 Queue、Topic 模型的介绍中可以看到，Connection 是一个重要的概念，一个进程可以有多个连接到 JMS Server 的 Connection，对于发送、接收都是集群的情况，在 JMS 中是可以直接支持的。

再来看第二点和第三点需求。我们要求同一消息能够被不同的集群独立互不干扰地处理，也就是说，假设有 8 条消息和两个集群，每个集群恰好有两台机器，那么需要这两个集群中的机器分别处理掉所有 8 条信息，不能遗漏，也不能重复（如图 6-16 所示）。

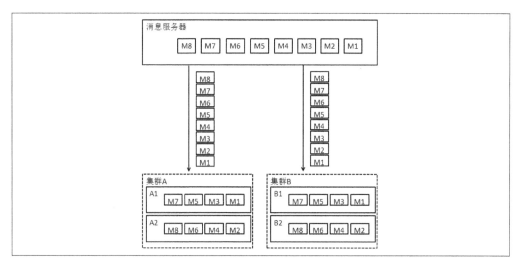

图 6-16 我们需要的消息模型

从图 6-16 中我们可以更清楚地看到需要的模型。那么，在 JMS 的基础上，我们该怎么做呢？前面我看到 JMS 只提供了 Queue 和 Topic 两种模型，而这两种模型直接使用在这个场景都是有问题的。

如果使用 JMS Queue 模型，集群 A 和集群 B 收到的消息都将不完整，如图 6-17 所示。

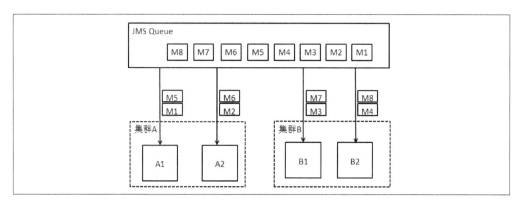

图 6-17 使用 JMS Queue 的情况

从图 6-17 中可以清楚地看到，集群 A 的两台机器上的应用收到了一部分消息，而集群 B 的两台机器上的应用收到了另一部分消息，集群 A 和集群 B 的机器接收的消息都不完整，二者加起来才是全部的消息，但是这不是我们所想要的模型。

再来看一下使用 Topic 的情况，如图 6-18 所示。可以看到，集群 A 和集群 B 是可以收到所有消息的，但是各集群内部的机器会收到重复的消息。在真实环境中，每个集群的机器可能远多于两台，这种重复会造成非常大的负担。

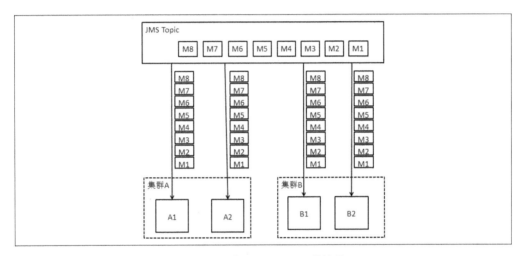

图 6-18　使用 JMS Topic 的情况

既然无法直接通过 JMS 的 Queue 模型和 Topic 模型来满足这个需求，那么在我们实现的消息中间件中就需要跳出这两种模型，实现能够满足我们需求的模型。

具体来说，我们可以把集群和集群之间对消息的消费当做 Topic 模型来处理，而集群内部的各个具体应用实例对消息的消费当做 Queue 模型来处理。我们可以引入 ClusterId，用这个 Id 来标识不同的集群，而集群内的各个应用实例的连接使用同样的 ClusterId。当服务器端进行调度时，根据 ClusterId 进行连接的分组，在不同的 ClusterId 之间保证消息的独立投递，而拥有同样 ClusterId 的连接则共同消费这些消息，如图 6-19 所示。这个策略是分两级来处理，把 Topic 模型和 Queue 模型的特点结合起来使用，从而达到多个不同的集群进行消息订阅的目的。

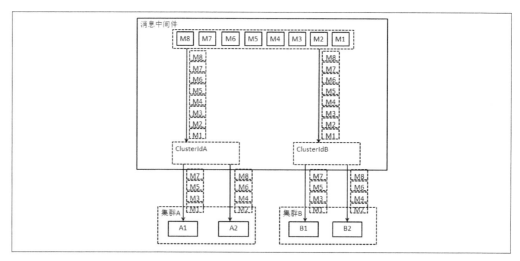

图 6-19   多集群订阅者解决方案

如果一定要使用 JMS 的话，有一个变通的做法，就是把 JMS 的 Topic 和 Queue 也按照上面的思路级联起来使用，如图 6-20 所示。

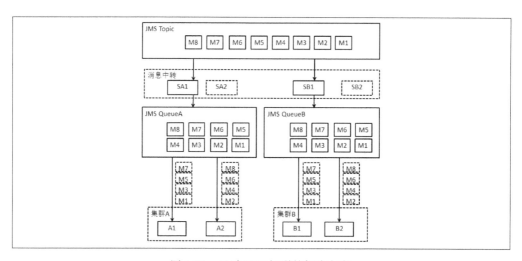

图 6-20   通过 JMS 级联的解决方案

不过这种级联方式相对比较繁重，是多个独立的 JMS 服务器之间的连接，这比在消息中间件服务器端内部进行处理要复杂很多。好处是基本可以直接使用 JMS 的实现。这里需要注意的是从 Topic 中发消息分派到不同的 Queue 中时，需要由独立的中转的消息订阅者来完成，并且对同一个 Queue 的中转只能由一个连接（Connection）完成；为了实现高可用性，还需要备份节点在主节点出问题后承担工作。因此从长远考虑，满足这个需求还是自己实现比较合适。

6.2.4　消息订阅者订阅消息的方式

作为消息中间件，提供对于消息的可靠保证是非常重要的事情。在一些场景中，一些下游系统完全通过消息中间件进行自身任务的驱动，消息的可靠投递就显得尤为重要。在"服务框架"一章中介绍的可靠异步的调用，也需要消息中间件提供消息可靠的保证。

这里先来介绍一下持久订阅和非持久订阅这两种订阅方式。

图 6-21 所示的方式为非持久订阅，含义是消息接收者和消息中间件之间的消息订阅的关系的存续，与消息接收者自身是否处于运行状态有直接关系。也就是说，当消息接收者应用启动时，就建立了订阅关系，这时可以收到消息；而如果消息接收者应用结束了，那么消息订阅关系也就不存在了，这时的消息是不会为消息接收者保留的；当消息接收者应用再次启动后，又会重新建立订阅关系，之后的消息又可以正常收到。如图 6-21 所示，消息接收者可以收到 M1、M2、M3、M6、M7、M8 这 6 条消息，而不会收到 M4 和 M5，因为这两条消息发送出来的时候，消息接收者的应用已经停止了。

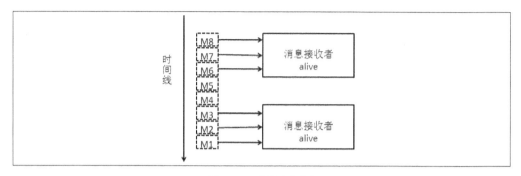

图 6-21 非持久订阅

图 6-22 展示的是持久订阅方式，可以看到与图 6-21 最大的区别是，M4 和 M5 这两条消息发送时，虽然消息接收者应用同样停止运行，但是还是可以接收到这两条消息。持久订阅的含义是，消息订阅关系一旦建立，除非应用显式地取消订阅关系，否则这个订阅关系将一直存在。而订阅关系建立后，消息接收者会接收到所有消息，如果消息接收者应用停止，那么这个消息也会保留，等待下次应用启动后再投递给消息接收者。

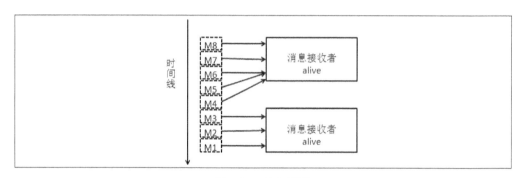

图 6-22 持久订阅

因此，要做到可靠我们应该选择持久订阅这种订阅方式。

6.2.5 保证消息可靠性的做法

上一节介绍了消息订阅者订阅消息的方式，我们了解到非持久订阅不能保证收

到所有消息，持久订阅才能保证收到所有消息，那么，在持久订阅的前提下，整个
消息系统是如何保证消息可靠的呢？来看一下图 6-23。

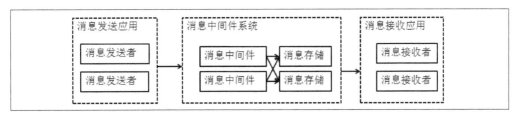

图 6-23 消息系统示意图

从图 6-23 可以看到，消息从发送端应用到接收端应用，中间有三个阶段需要保
证可靠，分别是：消息发送者把消息发送到消息中间件，消息中间件把消息存入消
息存储，消息中间件把消息投递给消息接收者。

所以我们要保证这三个阶段都可靠，才能够保证最终消息的可靠。下面分别从
这几个方面进行介绍。

6.2.5.1 消息发送端可靠性的保证

这是消息投递周期中的第一步，这一步并不复杂，需要注意消息发送者和消息
中间件之间的调用返回结果的清晰设定，以及对于返回结果的全面处理。

发送者需要把消息的发送结果准确地传给应用，应用才能进行相关的判断和逻
辑处理。消息从发送者发送到消息中间件，只有当消息中间件及时、明确地返回成
功，才能确认消息可靠到达消息中间件了；返回错误、出现异常、超时等情况，都
表示消息发送到消息中间件这个动作失败。这里需要注意的是对异常的处理，可能
出现的问题是在不注意的情况下吃掉了异常，从而导致错误的判断结果。

6.2.5.2 消息存储的可靠性保证

消息从发送者发送到消息中间件后，消息存储是非常重要的一个环节。当消息从发送者端发送出来后，消息的可靠保证就靠存储了。

在第 1 章介绍计算机组成时，提到过存储器是计算机的 5 个组成部分之一，存储器又分为内存和外存。内存中的内容断电后会丢失，而外存中的内容则在断电后还可以保留，所以，消息数据一定要放到外存储器上，要进行持久的存储。这会面临两个选择：

- 持久存储部分的代码完全自主实现。
- 利用现有的存储系统实现。

自主实现持久存储的功能需要慎重。一个成熟的存储系统是需要长时间的努力、沉淀和考验的。除非有充分的理由，否则不建议完全重新实现一个持久存储。如果针对特定的场景，自主实现能够很好地提升性能、降低成本，或者有其他一些好处，那么还是值得开发定制的存储系统的。

采用现有的存储系统会面临比较多的选择，有传统的关系型数据库、分布式文件系统和 NoSQL 产品，这些类型的产品各有所长，需要在保证存储可靠性的基础上，依据对消息存储的需求来选择。

1．实现基于文件的消息存储

这里介绍一个笔者亲身经历的案例。当时的场景要求能够达到很高的消息吞吐量，消息的写入速度要很快，并且可以支持对消息的灵活的检索，但是由于消息本身不是特别大（1.5K 左右），因此对消息的顺序不十分敏感。我们当时选择了关系型数据库来进行消息的存储，并参考了 ActiveMQ 中的 Kaha Persistence 的一个实现。当时没有选择分布式文件系统，是因为那时能够选择的分布式文件系统自身的稳定性和性能还有待改进；此外，分布式文件系统对消息灵活的检索是不支持的，需要再进行额外的工作。而没有选择 NoSQL 的原因是，当时的 NoSQL 不像现在这么成熟和广泛使用；而且在消息的检索方面虽然比分布式文件系统容易一些，但是也不够直接；此外，NoSQL 的产品一般都有很好的扩展性，在数据量增大时能够很好地进行数据迁移、扩容，这对于通用系统来说是个很好的特性，但对于我们当时需要的消息系统来说并不重要。另外，参考 Active MQ 的 Kaha Persistence 实现的主要考虑是想把消息直接存储在本地磁盘，而不要额外的独立存储，并且针对机械磁盘的特点尽量进行顺序写和顺序读。

我们遇到的困难有以下 4 点。

第一，完全重写一个可靠的单机的存储引擎，投入还是很大的。

第二，各种场景的测试没有遇到问题不代表没有问题，很可能是覆盖的场景还不够全面。保证存储的可靠性挑战比较大。

第三，由于关注吞吐量不关注消息顺序，会导致原本连续的消息存储的文件中有些消息不需要了，有些需要保留，就会形成文件的空洞。

如图 6-24 所示是连续的消息存储的文件：

M1	M2	M3	M4	M5	M6	M7	M8
M9	M10	M11	M12	M13	M14	M15	M16

图 6-24　文件中消息存储示意图

16 条消息按照顺序存储在消息的数据文件中，经过消息的消费，会产生一些变化，如图 6-25 所示。

~~M1~~	M2	~~M3~~	M4	M5	~~M6~~	M7	~~M8~~
M9	~~M10~~	M11	M12	~~M13~~	M14	M15	M16

图 6-25　文件空洞

图 6-25 只是展示了一个文件的情况，考虑到单个文件的大小，我们对消息的存储都是一系列的文件，如果不对这样的空洞进行处理，那么这些已经不用的消息就会消耗大量的磁盘空间，此外也会影响读消息的效率。

我们对文件进行整理，形成图 6-26 所示的新内容。消除空洞所采用的做法是把需要保留的消息按照顺序写入新文件，然后直接删除原来的文件。这相当于一个持续的搬运过程，这个过程会增加写的负担。

M2	M4	M5	M7	M9	M11	M12	M14
M15	M16	M20	M21	M27	M29	M30	M31

图 6-26 整理后的文件内消息存储

第四，对消息的检索处理需要考虑索引对内存的消耗，我们必须考虑到索引不能完全加载到内存的情况，这涉及了内存和磁盘文件的交换功能，也涉及了如何能够保证处理过程的高效。

可以看到，完全实现消息存储需要解决的问题还是比较多的，也需要较多的投入。而如果要提升单机存储的可靠性，应对断电、程序崩溃等问题，那么就要求我们去实现一些单机数据库存储引擎或者一些 NoSQL 的单机引擎的工作了。因此，我们转向了采用现有的数据库引擎的实现。

2．采用数据库作为消息存储

如果读者研究过开源 JMS 的实现系统，会发现将关系型数据库作为存储肯定会被这些开源 JMS 系统会支持，类似 ActiveMQ，也会提供基于文件的消息存储。在使用关系型数据库来存储数据时，库表设计是比较关键的一点。在很多 JMS 的开源实现中，库表设计是相对比较复杂的，表与表之间会有一些相互的关联。

学习过数据库理论的读者一定会清晰地记得数据库表设计的范式，不过在大型网站的实践中，很多时候并不会遵循这个范式的设计，更多的是考虑采用宽表、冗余数据的方式来实现。

这里用一个简单的例子介绍一下数据冗余和宽表。假设我们有某个学校使用的内部系统，系统需要管理学生的基本信息、课程的选课信息、学生成绩信息，那么，根据数据库设计的范式，我们会如下设计库表，如表 6-6 至表 6-9 所示。

表 6-6　学生信息表示例

学号	姓名	其他基本信息字段

表 6-7　选课信息表示例

唯一数字主键	课程编号	选课学生学号

表 6-8　学生成绩表示例

唯一数字主键	学号	课程编号	课程成绩

表 6-9　课程信息表示例

课程编号	课程名称	课程描述

上面的表结构只是一个简单的展示，可以看到，我们并没有冗余数据，对于学生的基本信息和课程的基本信息，在需要时可以通过表关联的方式获取。例如，给定一个课程编号，需要得到所有选该课的同学的信息，我们只要把学生信息表与选课信息表进行关联就可以得到结果。不过需要注意的是，这里需要去两个数据表进行查询，这样的关联没有单表查询的速度快。如果这个查询需要获得的学生信息就是姓名的话，我们可以采用另外一个设计，就是把"学生姓名"字段冗余一份放到选课信息表中，就是如表 6-10 的设计。

表 6-10 有冗余的选课信息表示例

唯一数字主键	课程编号	选课学生学号	学生姓名

当然，在学生信息表中仍然有这个字段。可以看到"学生姓名"就在我们数据库中存在了两份，这就是冗余，而选课信息表也比之前变宽了。如果需要其他的信息冗余，表就会更宽。这种方式带来的问题是占用的空间会增大，而且要有办法保证一致性，例如学生改名字时，各表中的"学生姓名"字段都要一致地更改。这种方式的好处是，通过冗余数据可以让查询只走一个表，因此提升了性能。

回到消息中间件的设计，我们希望尽量避免获取数据时的表关联查询，所以希望一个消息只用一个单行的数据来解决。对于消息来说，可以把需要存储的数据分为以下三块。

- 消息的 Header 信息

  主要是指消息的一些基本信息，例如消息 Id、创建时间、投递次数、优先级、自定义的键值对属性等。

- 消息的 Body

  就是消息的具体内容，消息的 Body 是否与消息的 Header 信息放在一条记录中是需要考虑的。经过分析和验证，我们选择了把 Header 和 Body 放在了一起，其中一个因素是消息体的内容并不大。

- 消息的投递对象

  是指单条消息要投递到的目标集群的 ClusterId。

我们下面重点介绍投递对象。常规想到的方式应该是下面这样处理，如表 6-11
和表 6-12 所示。

表 6-11 消息表示例

消息 Id	创建时间	自定义属性	发送者 ClusterId	消息内容

表 6-12 投递表示例

唯一 Id	消息 Id	ClusterId	投递次数	下次投递时间

我们投递消息时就从投递表中选取数据来进行调度。看起来没有很大问题，不
过需要注意一点。当消息进入数据库时，需要生成相关的投递表中的数据，当消息
的投递有结果后，也要更新相应的投递表的信息（如果投递成功，那么需要删除对
应的投递记录；如果投递失败，需要更新投递次数以及下次投递时间，一般投递的
间隔会越来越长）。而对投递表的插入、删除、更新，在单条消息订阅集群数量多时
会带来非常多的数据库记录的操作，引起的性能下降是很厉害的。

对此我们尝试把对投递的记录放到消息表中，如表 6-13 所示。

表 6-13 含投递记录的消息表示例

消息 Id	创建时间	自定义属性	发送者 ClusterId	投递列表	下次投递时间	消息内容

把投递列表直接合并到消息表中会带来如下两个问题：

- 投递列表这个字段的长度是有限制的，这也就限制了投递者的数量。一个变
  通的做法是在单行放置多个投递列表字段，例如投递列表 1、投递列表 2 等，

然后在消息中间件中取出多个字段的数据后进行整合。

- 无法按照单独的接收者来进行消息的调度。投递表独立时，一方面我们可以根据消息 Id 来确定需要投递的列表，另外也可以根据接收者的 ClusterId 来确定哪些消息需要投递，还可以根据下次投递时间来进行消息投递的调度。而把投递记录合并到消息表后，根据消息 Id、下次投递时间来进行消息投递调度还是可以的，但是想根据接收者的 ClusterId 进行调度则无法直接做到。我们无法直接给单独的接收者 ClusterId 建立索引，并且调度的粒度只能基于单条消息，不能从消息的维度或者接收者的维度来灵活调度。这是我们提升性能后的牺牲。

我们通过一个具体实例来看一下这两种做法的差异。假设消息的订阅者有 3 个集群——ClusterA、ClusterB 和 ClusterC，而对于消息的消费来说，ClusterA 要能比 ClusterB、ClusterC 更加及时地处理消息。在正常的情况下，上面两种设计其实都不会出问题，而在异常情况下则会有明显的不同。假设 ClusterA 和 ClusterC 的集群整体出现了问题，而 ClusterB 是正常的，先看看投递表独立的情况，这时投递表中会有大量的 ClusterA 和 ClusterC 的投递记录需要处理消息，ClusterA 恢复后需要较快处理堆积的消息，我们可以根据 ClusterA 来调度这些堆积的消息，而 ClusterC 可以慢慢恢复。

但是如果我们把投递信息记录在消息表中的一个字段里，那么就只能根据消息调度，我们必须在 ClusterA 恢复后把可能要投递给 ClusterA 的消息都尽快调度到系统中，确认需要投递给 ClusterA 的话就要尽快投递。这种做法是不够经济的，尤其在堆积了很多消息的时候，这种处理方式的效率是比较低的。这时可以采用的一个折中做法是，为需要尽快调度的集群建一个投递表，也就是在消息调度外增加一个针对特定集群的调度支持，这种做法看上去不优雅，不过比较好用。

在确定了库表设计后，我们还需要考虑存储自身的安全。如果采用成熟的关系型数据库系统，我们就不必考虑单机本身存储引擎的问题，但是如果单机出现硬件故障呢？这时就必须考虑数据的容灾方案。

- 单机的 Raid。笔者使用 Raid10 时遇到过两个盘一起坏的情况，其他的单机 Raid 方式笔者没有用过，不过需要考虑单机本身的安全性。
- 多机的数据同步。这要求不能有延迟，一般通过存储系统自身的机制完成，需要注意的是数据复制的方式，如果复制方式有延迟，那么也不完全安全。
- 应用双写。这是通过应用来控制写两份的方案，主要应对的是存储系统自身数据复制有延迟的情况，不过这会让应用变得复杂。

如果采用写入多个物理节点的方式，考虑到应用对于写入时间的要求，这两个节点之间的距离不能太大，一般是在同机房或同城较近的两个机房，否则同步的双写会导致过大的延迟。可是，如果这个城市出现大面积的物理损坏呢？这就需要做异地的容灾了，如果要求应用写入延迟低的话，就只能选择异步复制；如果接受异地数据比主写入点的数据有延迟，要么就让写入的应用有较长的等待，保证两边都写成功，这需要权衡。

3．基于双机内存的消息存储

使用文件系统或者数据库来进行消息存储时，因为磁盘 IO 的原因，系统性能都会受到限制。一个改进方案是用混合方式进行存储的管理。我们知道，内存的速度远超磁盘，但是断电会丢失数据。可以采用的一个方式是用双机的内存来保证数据的可靠，如图 6-27 所示。正常情况下，消息持久存储是不工作的，而基于内存来存储消息则能够提供很高的吞吐量。一旦一个机器出现故障，则停止另一台机器的数据写操作，并把当前数据落盘，如图 6-28 所示。

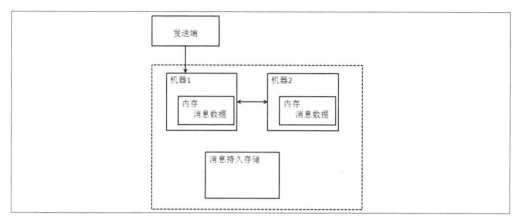

图 6-27　双机内存消息存储结构

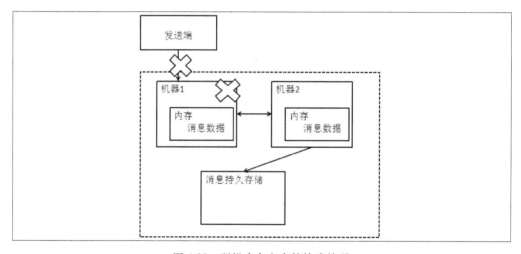

图 6-28　双机内存方案的故障处理

新消息不会再进入，而正常的这台机器会把数据写入持久存储中以保证安全。也就是说，只要不遇到两台基于内存的消息中间件机器同时出故障的情况，并且当一台出问题时，另一台将当时内存的消息写入持久存储的过程中不出问题的话，消息是很安全的。这种方式适合于消息到了消息中间件后大部分消息能够及时被消费掉的情况，它可以很好地提升性能。

6.2.5.3 消息系统的扩容处理

扩容也是一个不可回避的话题，这里介绍一下消息中间件自身的扩容以及存储的扩容。

1. 消息中间件自身如何扩容

消息中间件本身没有持久状态，扩容相对容易。主要是让消息的发送者和消息的订阅者能够感知到有新的消息中间件机器加入到了集群，这是通过软负载中心完成的，软负载中心会在第 7 章介绍。

图 6-29 展示了集群中消息中间件应用与消息存储间的关系。不同的消息中间件机器可能会共用存储，而同一个消息中间件机器也可能使用不同的存储，这都是为了提升可靠性。

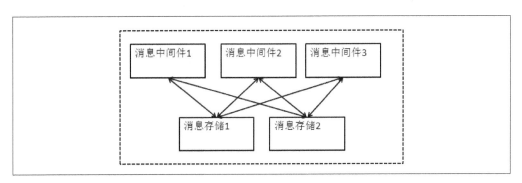

图 6-29　消息中间件与存储的关系

这里需要解决的问题是，在同一个存储中如何区分存储的消息是来自于哪个消息中间件应用的。我们的解决方案是给每条消息增加一个 server 标识的字段，当有新加入的消息中间件时，会使用新的 server 标识。这一方案需要应对的问题是，如果有消息中间件应用长期不可用的话，我们就需要加入一个和它具有同样 server 标识的机器来代替它，或者把通过这个消息中间件进入到消息系统中但还没有完成投递的消息分给其他机器处理，也就是让另一台机器承担剩余消息的投递工作。

2. 消息存储的扩容处理

因为存储的扩容涉及数据，因此总是很麻烦的事情。不过在我们这个消息中间件的场景中，有一个天然的优势可以让存储扩容变得很简单。先看一下我们有什么优势：

- 不用保证消息顺序。
- 提供从服务器端对消息投递的方式，不支持主动获取消息。

回忆一下第 5 章数据访问层中提到的分库分表、路由规则，为了能让外部系统在分库分表的情况下主动根据某些条件进行数据查询，就必须要确切知道数据存储在哪个数据库的哪张表中，对这种情况的扩容就比较复杂，第 5 章也提到了一些方案。现在我们的消息中间件的场景回避了这个操作，也就是说我们其实是不需要支持外部主动根据条件（例如消息 Id）来查询消息的，这是怎么做到的呢？

- 首先，消息发送到消息中间件时，消息中间件把消息入库，这时消息中间件是明确知道消息存储在哪里的，并且会进行消息的投递调度，所以，一定能找到消息。
- 其次，由于在内存中进行调度的消息数量有限（受制于内存限制），因此我们会调度存储在数据库中的消息。而在调度时，我们更关心的是那些符合发送条件的消息，所以这个调度必然是需要跨所有库和表的，而这个过程中，需要投递的消息会把相关索引信息加载到内存，在这个过程之后，内存中的调度信息就自然有了存储节点信息。

总体来说，我们是通过服务端主动调度安排投递的方式绕开了根据消息 Id 取消息这个动作，所以可以实现数据库存储的便利扩容。

6.2.5.4　消息投递的可靠性保证

1．消息投递简介

　　最后一步是消息的投递，这一步和发送者发消息类似，处理相对简单。特别需要注意的是，消息中间件需要显式地收到接收者确认消息处理完毕的信号才能删除消息。消息中间件不能够依据网络层判断消息是否已经送到接收者，进而决定消息是否删除，而一定要从应用层的响应入手。

　　消息接收者需要特别注意的是，不能在收到消息、业务没有处理完成时就去确认消息。此外，需要特别注意的仍然是消息接收者在处理消息的过程中对于异常的处理，千万不要吃掉异常然后确认消息处理成功，这样就会"丢"消息了，在实战中也多次发生过这样的例子。

2．投递处理的优化

　　在处理投递时，不同的投递处理方式会产生不同的结果。

　　投递处理的第一个可优化之处是，在进行投递时一定要采用多线程的方式处理。通过介绍可以看到我们是针对单条消息来进行调度，一种方式是每个线程处理一个消息并且等待处理结束后再进行下一条消息的处理。每个线程处理一条消息时，会得到需要接收该消息的订阅者集群 Id 列表，然后从每个订阅者集群 Id 中选择一个连接来处理；消息投递后需要等待结果，然后统一更新消息表中的消息状态。这种方式在正常情况下没有问题，而遇到异常情况时，例如订阅者集群中有一个很慢的订阅者（这个场景与我们之前在服务框架中看到的某个操作很慢的情况类似），负责投递的所有线程会慢慢地被堵死，因此都需要等待这个慢的订阅者的返回。

我们可以采用的另一种方式是，把处理消息结果返回的处理工作放到另外的线程池中来完成，也就是投递线程完成消息到网络的投递后就可以接着处理下一个消息，保证投递的环节不会被堵死。而等待返回结果的消息会先放在内存中，不占用线程资源，等有了最后的结果时，再放入另外的线程池中处理。这种方式把占用线程池的等待方式变为了靠网络收到消息处理结果后的主动响应方式。

收到消息的处理结果后，更新数据库的操作也有一个小但很重要的优化，那就是通过数据库的 batch 来处理消息的更新、删除操作，从而提升性能。

我们接着来看投递处理的第二个可优化之处。我们有可能遇到这样的场景，即一个应用上有多个订阅者订阅同样的消息，如果不以加优化，我们会向这个机器发送多次同样的消息（如图 6-30 所示）。可以进行的优化有如下两点。

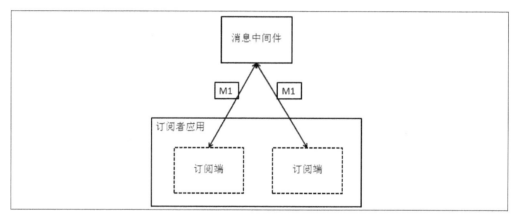

图 6-30 订阅端消息的重复接收

- 单机多订阅者共享连接。
- 消息只发送一次，然后传到单机的多订阅者生成多个实例处理（如图 6-31 所示）。

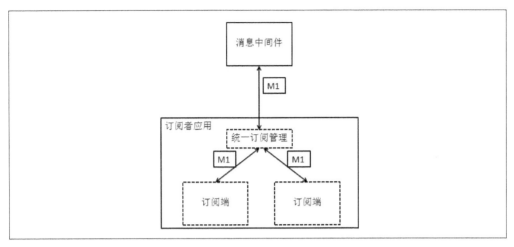

图 6-31　优化后的消息接收去重

从图 6-31 可以看到，对于同样的消息，消息中间件只需要向应用发一次消息，应用内部再根据本机的不同模块的订阅情况进行一次派发。

6.2.6　订阅者视角的消息重复的产生和应对

上一节介绍了消息的投递可靠性，可以说需要用各种方式来保证消息不丢失。本节我们来看一看消息重复的问题。

6.2.6.1　消息重复的产生原因

有哪些原因会产生消息重复呢？主要有下面两大类原因。

第一类原因是消息发送端应用的消息重复发送，有以下几种情况。

> 消息发送端发送消息给消息中间件，消息中间件收到消息并成功存储，而这时消息中间件出现了问题，导致应用端没有收到消息发送成功的返回，因而进行重试产生了重复。
> 消息中间件因为负载高响应变慢，成功把消息存储到消息存储中后，返回

"成功"这个结果时超时。

➢ 消息中间件将消息成功写入消息存储，在返回结果时网络出现问题，导致应用发送端重试，而重试时网络恢复，由此导致重复。

可以看到，通过消息发送端产生消息重复的主要原因是消息成功进入消息存储后，因为各种原因使得消息发送端没有收到"成功"的返回结果，并且又有重试机制，因而导致重复。一个解决办法是，重试发送消息时使用同样的消息 Id，而不要在消息中间件端产生消息 Id，这样可以避免这类情况的发生。

第二类原因是消息到达了消息存储，由消息中间件进行向外的投递时产生重复，有以下几种情况。

➢ 消息被投递到消息接收者应用进行处理，处理完毕后应用出问题了，消息中间件不知道消息处理结果，会再次投递。

➢ 消息被投递到消息接收者应用进行处理，处理完毕后网络出现问题了，消息中间件没有收到消息处理结果，会再次投递。

➢ 消息被投递到消息接收者应用进行处理，处理时间比较长，消息中间件因为消息超时会再次投递。

➢ 消息被投递到消息接收者应用进行处理，处理完毕后消息中间件出问题了，没能收到消息结果并处理，会再次投递。

➢ 消息被投递到消息接收者应用进行处理，处理完毕后消息中间件收到结果，但是遇到消息存储故障，没能更新投递状态，会再次投递。

可以看到，在投递过程中产生的消息重复接收主要是因为消息接收者成功处理完消息后，消息中间件不能及时更新投递状态造成的。那么有什么办法可以解决呢？可以采用分布式事务来解决，不过这种方式比较复杂，成本也高。另一种方式是要求消息接收者来处理这种重复的情况，也就是要求消息接收者的消息处理是幂等操作。

幂等（idempotence）是一个数学概念，常见于抽象代数中。有两种主要的定义：

- 在某二元运算下，幂等元素是指被自己重复运算（或对于函数是为复合）的结果等于它自身的元素。
- 某一元运算为幂等的时，其两次作用在任一元素后会和其作用一次的结果相同。例如，高斯符号便是幂等的。

对于消息接收端的情况，幂等的含义是采用同样的输入多次调用处理函数，会得到同样的结果。例如，一个 SQL 操作：

```
update stat_table set count = 10 where id = 1;
```

这个操作多次执行，id 等于 1 的记录中的 count 字段的值都为 10，这个操作就是幂等的，我们不用担心这个操作被重复。当然，这个 SQL 中的数字 10 可以是来自消息体的一个输入。

再来看另外一个 SQL 操作：

```
update stat_table set count = count + 1 where id = 1;
```

这样的 SQL 操作就不是幂等的，一旦重复，结果就会产生变化。

因此应对消息重复的办法是，使消息接收端的处理是一个幂等操作。这样的做法降低了消息中间件的整体复杂性，不过也给使用消息中间件的消息接收端应用带来了一定的限制和门槛。

6.2.6.2 JMS的消息确认方式与消息重复的关系

在 JMS 中，消息接收端对收到的消息进行确认，有以下几种选择。

- AUTO_ACKNOWLEDGE

  这是自动确认的方式，就是说当 JMS 的消息接收者收到消息后，JMS 的客户端会自动进行确认。但是确认时可能消息还没来得及处理或者尚未处理完成，所以这种确认方式对于消息投递处理来说是不可靠的。

- CLIENT_ACKNOWLEDGE

这是客户端自己确认的方式，也就是说客户端如果要确认消息处理成功，告诉服务端确认信息时，需要主动调用 Message 接口的 acknowledge()方法以进行消息接收成功的确认。这种方式把控制权完全交给了接收消息的客户端应用。

- DUPS_OK_ACKNOWLEDGE

这种方式是在消息接收方的消息处理函数执行结束后进行确认，一方面保证了消息一定是处理结束后才进行确认，另外一方面也不需要客户端主动调用 Message 接口的 acknowledge()方法了。

上述三种确认方式是通过 JMS 的 Connection 在创建 Queue 或者 Topic 时设置的。

从上面可以看到，消息接收者对于消息的接收会出现下面两种情况。

- at least once（至少一次）

至少一次，就是说消息被传给消息接收者至少一次，也可能多于一次，这种情况类似前面小节的消息重复处理的情况。采用 DUPS_OK_ACKNOWLEDGE 或 CLIENT_ACKNOWLEDGE 模式并且在处理消息前没有确认的话，就可能产生这种现象。

- at most once（至多一次）

至多一次，这是采用 AUTO_ACKNOWLEDGE 或 CLIENT_ACKNOWLEDGE 模式并且在接收到消息后就立刻确认时会产生的情况。也就是说，消息从消息中间件送达接收端后就立刻进行了确认，而如果这时接收端出现问题，那就没有机会处理这个消息了，所以是 at most once。

6.2.7　消息投递的其他属性支持

前面我们重点介绍了消息的可靠性、投递的重复以及消息确认方式，接下来我们看一下在消息投递的过程中还有哪些属性支持。

1．消息优先级

一般情况下消息是先到先投递，消息优先级的属性可以支持根据优先级（而不是依据到达消息中间件的时间）来确定投递顺序，优先级高的消息即使到达消息中间件的时间较晚，也可以被优先调度。

另外在实践中会把消息分为不同类型，对于不同类型进行不同的处理，这可以部分完成优先级属性的工作。不过对于同种类型的消息还是需要优先级属性来进行区分。

2．订阅者消息处理顺序和分级订阅

一般来说，消息的多个订阅者之间是独立的，它们对消息的处理并不会相互造成影响。不过在一些特殊场景中，对于同样的消息，可能会希望有些订阅者处理结束后再让其他订阅者处理。对于这样的情况，一种方案是可以设定优先处理的订阅集群，也就是我们这里的订阅者消息处理顺序的属性，可以在这个字段中设置有些处理的集群 Id；另一种方案是分级订阅，如图 6-32 所示。

我们把优先接收者和一般接收者的接收分开，优先接收者处理成功后主动把消息投递到另外的消息中间件（也可以换一个消息类型），然后一般接收者接收新产生的消息。这样的做法不需要消息中间件去做额外的支持，不过相当于重新发了消息，会多一次消息入库等操作。

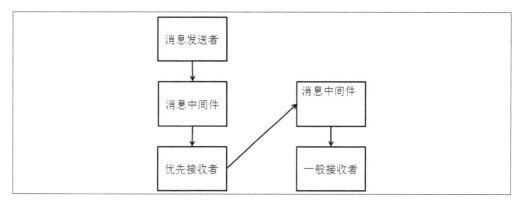

图 6-32 分级订阅结构

3．自定义属性

消息自身的创建时间、类型、投递次数等属性属于消息的基础属性，在消息体外，支持自定义的属性会很便利，例如后面会提到的服务端消息过滤，以及接收端对于消息的处理，有了这个自定义属性会方便很多。这个自定义的属性类似于 HTTP 的 Header，一般是对于这条消息的抽象描述，方便服务端和接收端快速获取这条消息中的重要信息。

4．局部顺序

在前面的小节中提到过消息有序和为了吞吐量而放弃顺序，这里要讲的一个概念是局部顺序。局部顺序是指在众多的消息中，和某件事情相关的多条消息之间有顺序，而多件事情之间的消息则没有顺序。举个交易的例子吧，在交易网站上每天产生的交易很多，并且是由很多人产生的，那么不同人之间以及同一个人的不同笔交易之间的消息其实是相互无关的，不必保持顺序；但是对于同一笔交易的状态变化所产生的消息，保证其顺序是很有价值的。

我们看一个具体例子。假设线上交易产生的消息状态依次是：创建→付款→发货→确认，现在有两笔独立的交易进行，在没有局部顺序属性时会是下面这样的情况（如图 6-33 所示）。

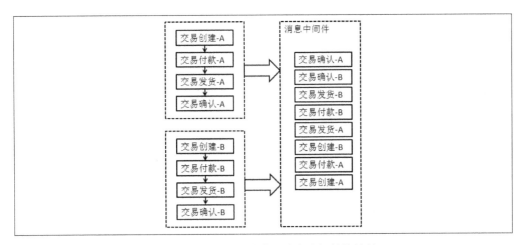

图 6-33　无顺序消息进入消息中间件的情况

图 6-33 中显示了两笔交易自身状态的变化，以及这些状态变化产生的消息进入消息中间件的情况。在完全有序的情况下，如果这些消息都能顺利处理，就不会出现什么问题；而如果因为数据的原因或者程序的原因导致某条消息总是处理失败，那么为了保证处理顺序，后面的消息就会等待前面这一条消息处理完毕后才接着处理。而对于不管顺序的方式，因为每笔交易的状态本身是有顺序的，如果前面一个状态没能被成功处理，后面即便调度到了处理，也是简单地返回失败，因为需要等待前一个状态的处理。

所以，我们希望达到的是局部顺序，即交易 A 的状态改变的各条消息之间有顺序，交易 B 的状态改变的各条消息之间也有顺序，但 A 和 B 之间的消息互不影响，如图 6-34 所示。

也就是说在消息中间件内部，有非常多的逻辑上独立的队列。支持局部有序需要消息上有一个关键的属性，即区分某个消息应该与哪些消息一起排队的属性字段。

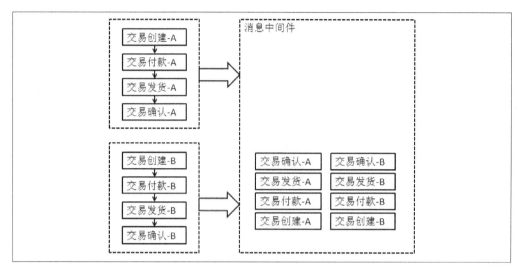

图 6-34　消息局部顺序示意图

6.2.8　保证顺序的消息队列的设计

前面的内容主要是在讲解如何能够可靠、高效地进行消息处理，而在投递属性的消息局部顺序其实也引出了另一种场景，只是例子中的局部顺序的队列不长，但是实际中会有非常多的这种队列。而随着场景的不同，我们需要一种高效的支持顺序地多集群订阅的消息中间件的实现。

这里是另一种实现，主要是因为这里面的场景和应对的方案与前面局部顺序中的有很大不同。虽然两个场景都需要支持多集群消息订阅，但是在消息订阅者端对于消息的处理有很大差别。我们在前面的做法（包括放弃对顺序的支持）的原因之一是，同一个消息订阅者处理不同的消息，成功与否可能会跟消息自身的内容相关；而现在要介绍的场景一般不会因消息内容而导致失败，而是和这个订阅者及其依赖的系统是否可用有关。

我们看一个具体例子。在给手机充值的交易当中，每一笔充值会有"创建交易→付款成功→确认充值"的状态。当付款消息发出来后，负责充值的系统会收到这个消息然后进行充值，这时能否充值成功不仅和负责充值的合作伙伴是否可用有关，还与我们的消息内容有关。例如，输入的是一个长度合法但实际并不存在的手机号时，充值一定会失败，那么这个付款消息就无法处理成功；而另外一笔充值交易中，如果号码是正确的，那么就能处理成功了。所以，在这个场景下消息处理是否成功与消息体中的内容是相关的。

再看另外一个例子。进行数据复制时，源数据库上的数据变更变成消息进入消息中间件，这时只要目标数据库可用，这个处理就会成功，而不会出现某些记录成功另外一些记录失败的情况，这就与内容没有密切的关系。

在这样的场景下，一个吞吐量大且支持顺序的消息中间件是很有价值的。前面介绍数据访问层的章节中，提到过数据变更通知平台，就是使用这种类型的消息中间件的一个具体场景。

此外，在这个场景下，对于接收端的设计也从原来的推（Push）模式变为了拉（Pull）模式，这也是为了让消息接收者可以更好地控制消息的接收和处理，而消息中间件自身的逻辑也进行了简化。

先看一下整体的结构图吧，如图 6-35 所示。在消息中间件内部，有多个物理上的队列，进入到每个队列的消息则是严格按照顺序被接收和消费的，而消息中间件单机内部的队列之间是互不影响的。

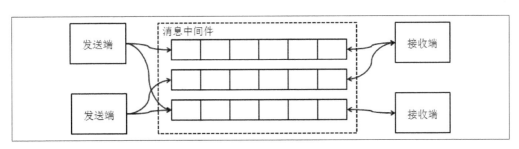

图 6-35　保证顺序的消息队列结构

具体实现中，消息的存储就写到本地文件中了，采用的是顺序写入的方式，其基本思路与本章开始所讲的基于文件的存储比较类似，也是为了提升写入的效率。二者的差别是，这个场景中不存在文件的空洞，因为消息必须按照顺序去消费，所以，一个消息接收者在每一个它所接收的消息列队上有一个当前消费消息的位置，对于这个接收者来说，这个位置之前的消息就已经完成消费了。在同一个列队中，不同的消费者分别维护自己的指针，并且通过指针的回溯，可以把消息的消费恢复到之前的某个位置继续处理，如图 6-36 所示。如果有业务等的需要（例如消息需要补发），那么移动接收端的消费消息的位置指针就可以完成了。在这样的方式下，接收端有比较大的自主控制权。而对于消息中间件来说，重要的是保证消息安全，然后根据接收端提供的位置获取消息传给接收端就可以了。

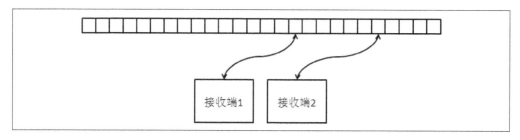

图 6-36 接收端的消息接收回溯支持

6.2.8.1　单机多队列的问题和优化

单机多队列的隔离完成了对消息的有序支持。在具体工程中，如果单机的队列数量特别多，性能就会有明显的下降，原因是队列数量很多时，消息写入就接近于随机写了。一个改进措施是把发送到这台机器的消息数据进行顺序写入，然后再根据队列做一个索引，每个队列的索引是独立的，其中保存的只是相对于存储数据的物理队列的索引位置，如图 6-37 所示。这里需要注意的一点是，在单机上，物理队列的数量的设置与磁盘数有关。

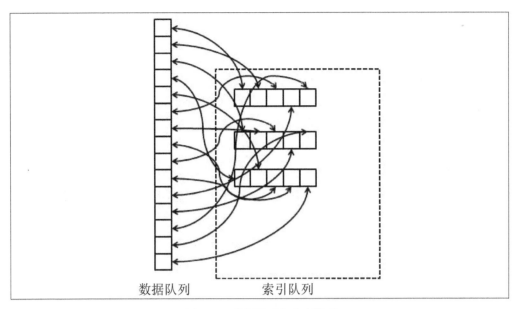

图 6-37　数据队列与索引队列

这样改进后带来的好处是：

- 队列轻量化，单个队列数据量非常少。
- 对磁盘的访问串行化，避免磁盘竞争，不会因为队列增加导致 IOWAIT 增高。

采用这个方案可以消除原来大量的数据的随机写，但是也有自身的缺点：

- 写虽然完全是顺序写，但是读却变成了完全的随机读。
- 读一条消息时，会先读逻辑队列，再读物理队列，增加了开销。
- 需要保证物理队列与逻辑队列完全一致，增加了编程的复杂度。

对上述三个缺点需要进一步改进，以克服或者降低影响：

- 随机读，尽可能让读命中 PAGECACHE，减少 IO 读操作，所以内存越大越好。如果系统中堆积的消息过多，读数据访问磁盘时会不会由于随机读导致系统性能急剧下降呢？答案是否定的。

> 访问 PAGECACHE 时，即使只访问 1KB 的消息，系统也会提前预读出更多数据，在下次读时，就可能命中内存。
> 随机访问物理队列磁盘数据时，系统 IO 调度算法设置为 NOOP 方式，会在一定程度上将完全的随机读变成顺序跳跃读的方式，而顺序跳跃读会比完全的随机读的性能高 5 倍以上。另外 4KB 的消息在完全随机访问情况下，仍然可以达到每秒 10000 次以上的读性能。

- 由于逻辑队列存储数据量极少，而且是顺序读，在 PAGECACHE 预读作用下，逻辑队列的读性能几乎与内存一致（即使在堆积情况下也如此）。所以可以忽略逻辑队列对读性能的阻碍。
- 物理队列中存储了所有的元信息，类似于 MySQL 的 binlog、Oracle 的 redolog，所以只要有物理队列在，即使逻辑队列数据丢失，仍然可以恢复回来。

6.2.8.2　解决本地消息存储的可靠性

消息的可靠性永远是一个很重要的话题，在这个方案中我们考虑采用消息同步复制的方式解决可靠性的问题。

- 把单个的消息中间件机器变为主（Master）备（Slave）两个节点，Slave 节点订阅 Master 节点上的所有消息，以进行消息的备份。不过需要注意这是一个异步的操作，Slave 订阅收到的消息总会比 Master 略少一些，存在着丢失消息的可能。这种方式比较类似于 MySQL 的 replication。
- 同样是把单个节点扩展到 Master/Slave 两个节点，但是采用的是同步复制的方式，而非订阅的方式，也就是说 Master 收到消息后会主动写往 Slave，并且收到了 Slave 的响应后才向消息发送者返回"成功"的消息。

对于消息数据安全性要求非常严格的场景，采用第二种方式更加安全和保险。

6.2.8.3 如何支持队列的扩容

扩容是整个系统中一个很重要的环节。在保证顺序的情况下进行扩容的难度会更大。基本的策略是让向一个队列写入数据的消息发送者能够知道应该把消息写入迁移到新的队列中，并且也需要让消息订阅者知道，当前的队列消费完数据后需要迁移到新队列去消费消息（如图 6-38 所示）。

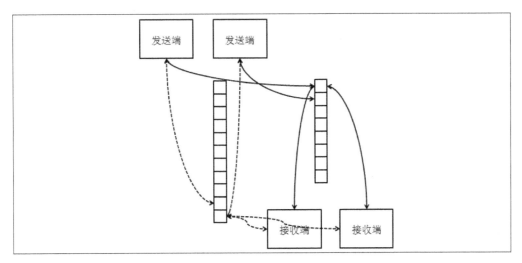

图 6-38　扩容示意图

其中有如下几个关键点：

- 原队列在开始扩容后需要有一个标志，即便有新消息过来，也不再接收。
- 通知消息发送端新的队列的位置。
- 对于消息接收端，对原来队列的定位会收到新旧两个位置，当旧队列的数据接收完毕后，则会只关心新队列的位置，完成切换。

6.2.9　Push 和 Pull 方式的对比

在本章我们介绍了两种消息中间件的实现方式——Push 和 Pull，它们解决不同场景的问题，这里看一下两者的对比，如表 6-14 所示。

表 6-14　Push 和 Pull 方式的对比

	Push	Pull
数据传输状态	保存在服务端	保存在消费端
传输失败，重试	服务端需要维护每次传输状态，遇到失败情况需要重试	不需要
数据传输实时性	非常实时	默认的短轮询方式的实时性依赖于 Pull 间隔时间，间隔越大实时性越低。 长轮询模式的实时性与 Push 一致
流控机制	服务端需要依据订阅者的消费能力做流控	消费端可以根据自身消费能力决定是否去 Pull 消息

　　到这里就结束了对消息中间件的介绍。第 4、5、6 章分别介绍了服务框架、数据访问层和消息中间件，这三个系列的产品是解决分布式系统和大型网站中的应用架构问题的三个很重要的产品线。而在下一章，我们将会了解支撑这三个产品线的背后的基础产品，就是我们的软负载和配置中心，这两个产品不像服务框架、数据访问层、消息中间件那样被很多应用直接使用，但是没有它们的支撑，这三大系列的产品就不能工作了。

第 7 章
软负载中心与集中配置管理

在第 4、5、6 章中，我们介绍了中间件面向应用的三个核心产品，而这些产品的背后是需要由软负载中心和集中配置管理中心来进行支持的，我们这一章就来看看软负载中心与集中配置管理的内容。

7.1 初识软负载中心

在服务框架的章节中，我们提到了服务注册查找中心是用于定位提供服务的机器地址，这个服务注册查找中心就可以用软负载中心来实现，如图 7-1 所示。

在消息中间件中，消息发送者、消息订阅者对于消息中间件服务器的感知也是通过软负载中心来完成的，如图 7-2 所示。

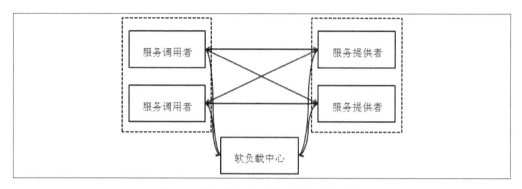

图 7-1 软负载中心在服务调用中的定位

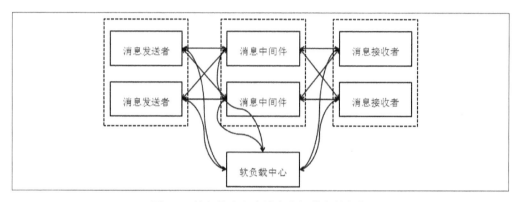

图 7-2 软负载中心在消息中间件中的定位

从这两个例子可以看到，软负载中心有两个最基础的职责，如下。

一是聚合地址信息。无论是服务框架中需要用到的服务提供者地址，还是消息中间件系统中的消息中间件应用的地址，都需要由软负载中心去聚合地址列表，形成一个可供服务调用者及消息的发送者、接收者直接使用的列表。

例如，我们提供的交易服务有三台机器，地址分别为 172.16.1.1、172.16.1.2 和 172.16.1.3，服务的端口是 9527，那么最后传给服务调用者的信息则是聚合后的一个列表信息，如图 7-3 所示。

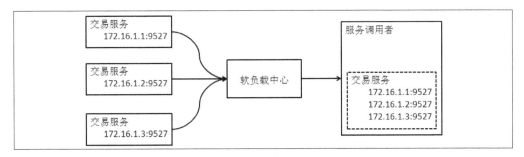

图 7-3 地址聚合

二是生命周期感知。软负载中心需要能对服务的上下线自动感知，并且根据这个变化去更新服务地址数据，形成新的地址列表后，把数据传给需要数据的调用者或者消息的发送者和接收者。

图 7-4 显示的是其中一个交易服务机器不可用时的情况，软负载中心需要能够感知到这个情况，并且更新列表数据传给服务调用者。

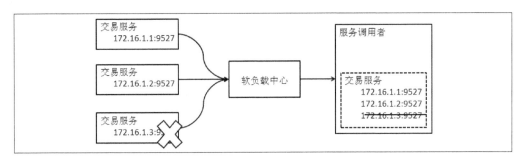

图 7-4 服务上下线感知

7.2 软负载中心的结构

软负载中心包括两部分，一个是软负载中心的服务端，另一个是软负载中心的客户端。服务端主要负责感知提供服务的机器是否在线，聚合提供者的机器信息，并且负责把数据传给使用数据的应用。客户端承载了两个角色，作为服务提供者，客户端主要是把服务提供者提供服务的具体信息主动传给服务端，并且随着提供服务的变化去更新数据；而作为服务使用者，客户端主要是向服务端告知自己所需要的数据并负责去更新数据，还要进行本地的数据缓存，通过本地的数据缓存，使得每次去请求服务获取列表都是一个本地操作，从而提升效率和性能。

图 7-5 显示了使用软负载中心的应用与软负载中心的关系，还可以看出软负载中心内部有三部分重要的数据，分别介绍如下。

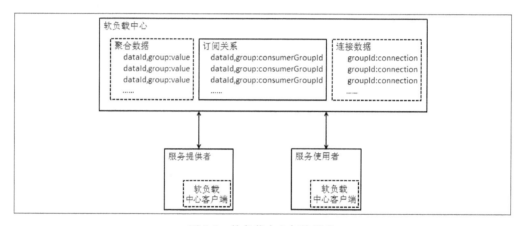

图 7-5 软负载中心与使用者

- 聚合数据

  就是聚合后的地址信息列表。对于提供的服务信息，我们使用一个唯一的 dataId 来进行标识，并且对于同样的 dataId 是支持分组（group）的，通过分组可以形成一个二维的结构，后面会具体介绍分组的应用。通过 dataId 和 group 可以定位到唯一的一个数据内容，这个内容就是通过聚合完成的完整数据。而这个信息在内部就是一个 Key-Value 的结构。

- 订阅关系

  在软负载中心中，需要数据的应用（服务使用者等）把自己需要的数据信息告诉软负载中心，这就是一个订阅关系，订阅的粒度和聚合数据的粒度是一致的，就是通过 dataId 和 group 来确定数据，那么会有 dataId、group 到数据订阅者的分组 Id（consumberGroupId）的一个映射关系。当聚合的数据有变化时，也是通过订阅关系的数据找到需要通知的数据订阅者，然后去进行数据更新的通知。

- 连接数据

是指连接到软负载中心的节点和软负载中心已经建立的连接的管理。使用软负载中心的应用时，无论是发布数据还是订阅数据，都会有一个自己独立的分组 Id（groupId），而连接数据就是用这个 groupId 作为 key，然后对应管理这个物理连接的，采用的是长连接方式。那么，当订阅的数据产生变化时，通过订阅关系找到需要通知的 groupId，在连接数据这里就能够找到对应的连接，然后进行数据的发送，完成对应用的数据更新。

7.3 内容聚合功能的设计

内容聚合是软负载中心负责的很重要的基础工作，在内容聚合部分需要完成的工作主要是两个。

- 保证数据正确性

保证数据正确是基础的工作，内容聚合主要需要保证的是并发场景下的数据聚合的正确性，另外需要考虑的是发布数据的机器短时间上下线的问题，就是指发布数据的机器刚连接上来或发布数据刚传上来，然后就断线了；或者是断线以后很快又上线了，又发布数据了。内容聚合主要是在这些异常或者较为复杂的场景下保证数据的正确性。

- 高效聚合数据

高效地聚合数据非常重要，因为整个软负载中心可以说是系统的中枢，虽然软负载中心并不在服务调用或者消息投递的路径上，但是服务提供者、消息中间件等的服务地址列表都是由软负载中心进行管理的。因此高效地聚合数据会在软负载中心自身重启或者服务提供者大面积重启时带来很大的便利。

我们来看看数据聚合的常规方式，这里讨论的前提是采用 Java 实现。我们可以使用一个 Map 的结构来进行数据管理，用 dataId 和数据分组的 Id（group）作为 Key，而对应的 value 就是聚合后的数据。无论有数据新增还是因为服务提供者下线而需要删除数据，直接根据 dataId 和 group 定位到数据去处理就可以了。

这个逻辑在功能上是没有问题的，有以下几个关键点需要注意。

1. 并发下的数据正确性的保证

我们采用加锁或者线程安全容器来保证并发下的数据正确。先看看场景，并发的操作会是数据插入、更新、删除这三个在一起的操作，其中更新、删除主要是因为同一个数据的不同数据发布者的变化造成的，而数据插入是由于多个新的 dataId 同时有进入到 Map 结构的需求（例如，软负载中心重启或者大量数据发布者重启时）。

我们可以用 ConcurrentHashMap 线程安全地并发 HashMap 来管理所有的 dataId 的数据，这在并发上比 Hashtable 或加锁的 HashMap 要好很多。而对于对应的 Value 的处理也是我们需要注意的地方。一种方式是使用 LinkedList 来实现，但是注意在进行数据增删时需要加锁，读取数据时也需要加锁，否则是非线程安全的。另外也可以用一个 ConcurrentHashMap 来实现，其中的 Key 是产生这个数据信息的数据发布者的标识，而 Value 就是具体的数据。而使用了 ConcurrentHashMap 也需要注意在新增 dataId 数据时的处理，因为这时可能是多个线程都会有新增，使用 putIfAbsent 并且进行返回值的判断，能够帮助我们正确地处理这个场景。

2. 数据更新、删除的顺序保证

所发布数据的变化主要有新增、更新和删除，而处理的顺序一定要和真实世界中的顺序一致，这里很容易出现的问题是，在网络连接断开后删除数据与数据新增、更新的顺序问题。

为什么会产生顺序问题呢？这与我们的具体实现机制有关系，如图 7-6 所示。

图 7-6　多线程共同处理数据方案

我们采用 NIO 的方式通信，通过 Selector 的方式感知连接上的事件，包括数据可读、数据可写、建立连接、连接断开等事件，然后把这些交给 IO 线程池中的线程处理，那么，更新、新增数据和连接断开要去删除数据就可能在两个线程中处理。而如果是发布数据后很快断开，那么保证在内部按照顺序来处理就很关键，因为如果顺序不保证，我们就可能先处理了删除数据，然后再处理新增，这样数据就不对了。一个解决的办法是在插入数据时判断当前产生数据的发布者的连接是否还存在。

这个部分在实现上需要特别注意，因为这种场景的发生概率虽然比较小，但是一旦出现问题就很难排查。

3. 大量数据同时插入、更新时的性能保证

采用线程安全的容器，控制在并发时的处理顺序与实际顺序相同，这都是为了

保证数据聚合功能的正确性，而性能也是需要特别关注的点。我们知道，ConcurrentHashMap 是并发的线程安全的容器，但是在进行数据写的时候还是会有锁的开销的，而读的时候是无锁的（比较特殊的情况下会加锁）。而在大量的数据插入和更新的场景，ConcurrentHashMap 也会遇到性能问题。对于同样的 dataId,group 对应的数据保存，采用 LinkedList 需要加锁，而使用 ConcurrentHashMap 则在数据更新时会遇到和插入、更新 dataId 一样的问题。这里可以进行一下优化，就是根据 dataId,group 进行分线程的处理，也就是说，保证同样的 dataId,group 的数据是在同一个线程中处理的，这样可以把整个数据结构变成一个不需要锁的数据结构，并且也可以在数据处理上进行一定程度的合并。

到这里读者可能会问一个问题，那就是读和写的操作之间怎么处理？我们可以根据 dataId,group 分线程来处理数据新增、更改、删除的合并数据的请求，那么读取数据该怎么做呢？我们可以把读的操作也放入相应的线程中处理，这样就可以使得保存数据的结构完全不用加锁就能保证线程安全。

图 7-7 所示是没有根据 dataId,group 进行分线程处理时的情况。

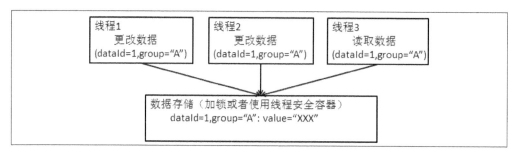

图 7-7 多线程处理同样数据产生的竞争

改进后的方案（如图 7-8 所示）增加了任务队列、对应的处理线程及对应的数据存储。这样，针对同样数据的处理任务是在同一个线程中，我们可以直接使用线程不安全的容器；而多线程的请求变成了一个顺序队列的操作，交给任务队列处理，任务队列是一个需要线程安全的实现，但是因为这里的操作主要就是"任务加入队列"和"任务从队列中取出",都是简单的操作,锁冲突的情况相对之前的加锁进行数据处理要好多了。数据更新的线程如果需要等待更新结果,那就只要进行等待就可以了;而读取数据则一定需要等待任务执行结束后才能拿到数据结果。

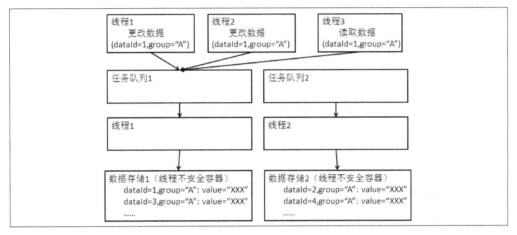

图 7-8　同样数据单线程处理方案

7.4　解决服务上下线的感知

软负载负责可用的服务列表,当服务可用时,需要自动把服务加到地址列表中,而服务不可用时,需要自动从列表中删除。这就是我们所说的上下线感知,也是与使用硬件负载均衡需要配置服务列表相比的一个很大的优点。

服务上下线的感知,主要有下面两种实现方式。

1. 通过客户端与服务端的连接感知

无论是数据的发布者还是接收者都与软负载中心的服务器维持一个长连接。对于服务提供者来说,软负载中心可以通过这个长连接上的心跳或者数据的发布来判断服务发布者是否还在线。如果很久没有心跳或数据的发布,则判定为不在线,那么就会取出这个发布者发布的数据；而对于新上线的发布者，通过连接建立和数据发布就实现了上线的通知。

这个方式有一个结构上的问题，即软负载中心的服务器属于旁路，也就是说它并不在调用链上，当软负载中心自身的负载很高时，是可能产生误判的。例如，软负载中心压力很大，处理请求变慢，心跳数据来不及处理，会以为心跳超时而判定服务不在线，认为服务不可用并且把信息通知给服务的调用者，这会导致原本可用的服务被下线了。

另外可能存在的问题是，如果服务发布者到软负载中心的网络链路有问题，而服务发布者到服务使用者的链路没问题，也会造成感知的问题，如图 7-9 所示。这种情况下根据连接的判定就有问题了。而且因为软负载中心处于的旁路，这个问题并不容易解决。解决方法是在软负载中心的客户端上增加逻辑，当收到软负载中心通知的应用下线数据时，需要服务调用者进行验证才能接收这个通知。但是这个方法带来的是对每个服务提供者的一次额外验证。

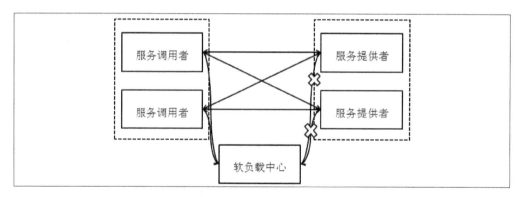

图 7-9 服务提供者与软负载中心链路问题

2．通过对于发布数据中提供的地址端口进行连接的检查

前面提到了如果软负载中心自身负载很高，那么通过一段时间内长连接的心跳和数据通信来判断服务发布者是否在线存在着错判的可能，通过外部的一个主动检

查的方式去进行判定是一个补偿的方式，也就是当通过长连接的相关感知判断服务应用已经下线时，不直接认定这个服务已经下线，而是交给另一个独立的监控应用去验证这个服务是否已经不在了，方式一般是通过之前发布的地址、端口进行一下连接的验证，如果不能连接，则确认机器确实下线了。不过这种方式同样存在一个问题，即进行检查确认的这个系统也可能和服务提供者之间存在网络问题，而服务提供者与服务调用者之间是正常的。解决方法也还是需要服务调用者进行最终确认，因为在系统中进行的实际业务调用通信是在服务调用者和服务提供者之间。

7.5 软负载中心的数据分发的特点和设计

7.5.1 数据分发与消息订阅的区别

使用软负载服务的数据订阅者是为了能够收到所用的服务地址列表，这在软负载中心需要进行数据分发的工作。

前面提到过在软负载中心的服务端维护了一个订阅关系；在第 6 章提到了订阅关系，也提到了对消息的推送，还提到了订阅者的分组。那么，消息中间件的订阅、消息的接收与软负载中心的订阅、消息的接收有什么差别呢？主要有以下两方面的不同。

第一个差别是，消息中间件需要保证消息不丢失，每条消息都应该送到相关的订阅者，而软负载中心只需要保证最新数据送到相关的订阅者，不需要保证每次的数据变化都能让最终订阅者感知。

举个例子，dataId=1,group="A"的数据从 X 变为 Y 变为 Z，那么在消息中间件中的情况如图 7-10 所示。

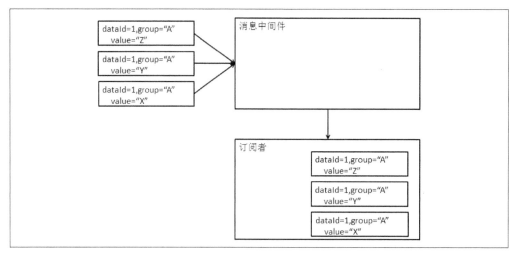

图 7-10 消息订阅下的数据接收

无论我们使用的消息中间件是否支持消息顺序，订阅者都会收到这三条消息，只是是否保持原来发送顺序的差别。而在软负载中心中，则可能会收到一条消息，可能收到两条，也可能收到三条，如图 7-11 所示。

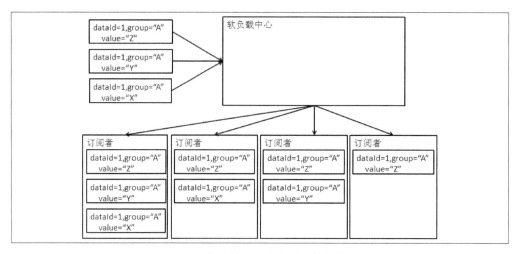

图 7-11 软负载中心客户端的数据接收

无论如何，订阅者最终收到的数据都是 value="Z"这个最新的数据，因为对于服务地址列表来说，只需要保证订阅者能够收到最新的数据就可以了。

第二个差别是关于订阅者的集群，也就是订阅者的分组。在消息中间件中，同一个集群中的不同机器是分享所有消息的，因为这个消息只要同一集群中的一台机器去处理了就行了。而在软负载中心则不同，因为软负载中心维护的是大家都需要用的服务数据，所以，需要把这个数据分发给所有的机器。这也是消息中间件与软负载中心在数据分发方面的不同。

7.5.2　提升数据分发性能需要注意的问题

要提升数据分发性能，可以从下面两个方面考虑。

- 数据压缩

我们的数据都是和服务相关的信息，数据压缩可以很好地降低数据量，提升网络吞吐能力，使用 CPU 来换带宽，这对于软负载中心还是非常有用的。而且因为很多服务的订阅集群不止一个，每个集群中的机器也不止一个，所以一份数据需要投递的目标是很多的，压缩一次所带来的流量下降是很明显的。所以数据压缩是一定要考虑的方面。

- 全量与增量的选择

从前面的介绍可以看到发布者提供的服务信息数据会随着提供服务的机器的变化而变化，而每个变化都会引起这个服务的整体服务数据的更新，那么，我们是每次把整个最新的数据传给数据的订阅者呢,还是只把变化的数据传给服务的订阅者？

每次传递全量数据,整体的设计和逻辑会非常简单,缺点是传送的数据量大。而传递增量数据，每次传送的数据量小，但是逻辑会复杂很多。建议在刚开始的实现中采用简单的方式，也就是传送全量数据，当全量的数据很大时，就需要考虑采用增量传送的方式来实现了。

7.6 针对服务化的特性支持

7.6.1 软负载数据分组

在前面的小节我们看到了数据的分组，通过数据标识（dataId）和分组（group）来唯一确定数据。那么，为什么要引入分组呢？分组主要是为了进行隔离，分组本身就是一个命名空间，用来把相同的 dataId 的内容分开，也就是给 dataId 加上了一个 namespace。分组主要用在下面两种场景。

- 根据环境进行区分

  这比较多地用于线下的环境。我们在线下开发、测试的环境中，需要对不同的环境、项目进行隔离和区分，而分组就可以很好地支持这一功能。可以对不同组的服务提供者和调用者进行隔离，使之互不可见。

- 分优先级的隔离

  这更多用于线上运行系统的隔离。也就是可以把提供同样服务的提供者用组的概念分开，重要的服务使用者会有专有的组来提供服务，而其他的服务使用者可能会公用一个默认的组。

关于分组的方式，需要支持指定分组的 API 设置方式，以及根据 IP 地址自动归组的方式，根据 IP 地址自动进行归组可以带来更大的灵活性和运维的便利性。

7.6.2 提供自动感知以外的上下线开关

前面小节看到了软负载中心对机器上下线的自动感知，而机器的上下线还需要通过指令而非机器状态来控制，这个控制的支持必然是要放在软负载中心来完成。

之所以在机器的状态外进行控制，主要有下面两个考虑。

- 优雅地停止应用

    如果靠机器是否存活来判断服务是否有效，那么只有关掉应用，才能将它从服务列表中拿到，那么这时正在执行的服务就失败了。我们应该先从服务列表中去掉这个机器，等待当时正在执行的服务结束，然后再停止应用。通过指令直接从软负载中心使机器下线，是可以帮助做到这一点的。

- 保持应用场景，用于排错

    遇到服务的问题时，可以把出问题的服务留下一台进行故障定位和场景分析。这时需要把这台机器从服务列表中拿下来，以免有新的请求进来造成服务的失败。这也是需要软负载中心直接使服务下线的一个场景。

7.6.3 维护管理路由规则

第 4 章中介绍了路由规则，而这个规则本身需要进行统一的维护，软负载中心可以管理这些数据，不过这些数据与服务地址列表的特性不同。笔者最初见到的是将一些类似服务地址列表这样的非持久数据和路由规则、消息订阅关系等持久数据放在一起处理的，这样做复用了数据推送、客户端缓存等基础组件，但是也带来了比较多的问题。后来对不同特性的数据进行了拆分，这一部分内容将会在后面的"集中配置管理"中讲到。

7.7 从单机到集群

当我们的系统规模还不大时，单机加上一个备份机器的方式就可以充当软负载中心。备份机器只是在主机不能恢复时才使用，因为软负载中心管理的都是地址信息这样的运行时可聚合信息，所以这个方案相对也比较简单。

随着整个应用集群的规模越来越大，单机会遇到连接数以及数据推送方面的瓶颈（内存一般还不是问题），那么如何把单机方式的软负载中心变为一个集群就是一件很重要的事情了。

在前面两章的服务框架和消息中间件中，对于集群提到的并不是特别多，主要是因为对于服务框架来说，用到的场景是服务的调用，而服务本身多是无状态的，其中的集群处理相对比较简单；而在消息系统中，如果消息中间件本身不在本地存储消息数据，那就也是一个基本无状态的集群，而如果本地存储了数据，则主要涉及数据迁移的问题。消息中间件及服务框架中的服务提供者除了可能的数据迁移外，都是依赖软负载中心来完成服务地址列表更新的。如果软负载中心从单机走向集群，我们需要解决的问题有什么呢？主要有以下两方面。

- 数据管理问题

  软负载中心聚合了整个分布式集群中的服务地址信息。在单机的情况下，这些数据都统一地存在这个软负载中心机器上，那么变为集群时，数据应该怎么维护保存呢？

- 连接管理问题

  在单机时,所有的数据发布者和数据订阅者都会连接到这台软负载中心的机器上，而从单机变成集群时，这些数据发布者和数据订阅者的连接应该怎么管理呢？

这两个问题有不同的解决方案，我们下面从数据管理的维度展开介绍各个方案，并看一下在确定数据管理方式的情况下，连接管理对应的做法。

7.7.1 数据统一管理方案

这个方案是对数据进行统一管理，也就是把数据聚合放在一个地方，这样负责管理连接的机器就可以是无状态的了，如图 7-12 所示。

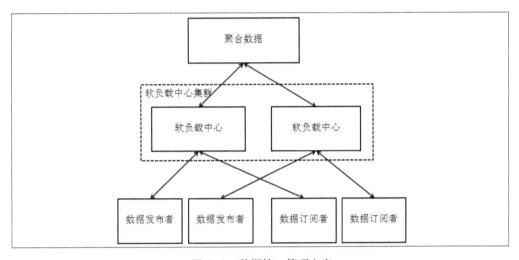

图 7-12 数据统一管理方案

可以看到，整个结构分为三层，聚合数据这一层就是在管理数据；而软负载中心的机器则是无状态的，不再管理数据；对于数据发布者和订阅者来说，选择软负载中心集群中的任何一个机器连接皆可，因为软负载中心的机器是对等的。

对这个方案可以做一个改变，即把软负载中心集群中的机器的职责分开，就是把聚合数据的任务和推送数据的任务分到专门的机器上处理，如图 7-13 所示。

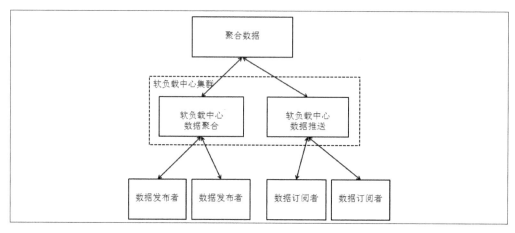

图 7-13 软负载应用分工后的数据统一管理方案

可以看到，发布者和订阅者的连接是分开管理的，而集群中的应用分工更加明确。为了提升性能，在软负载中心负责数据推送的机器上是可以对聚合数据做缓存的。

数据统一管理方式主要是把数据抽出来集中进行管理，结构和职责都比较清晰。不过需要注意的是必须保证"聚合数据"这个统一数据管理层的可用性，因为如果这部分出问题，又没有容灾策略，那么整个软负载中心就不能正常工作了。

7.7.2 数据对等管理方案

除了上面的数据统一管理方式外，另一种策略是将数据分散在各个软负载中心的节点上，并且把自己节点管理的数据分发到其他节点上，从而保证每个节点都有整个集群的全部数据，并且这些节点的角色是对等的。

同样的，使用软负载中心的数据发布者和数据订阅者只需要去连接软负载中心集群中的任何一台机器就可以了，数据发布者只需要把数据发布给这一台机器，而数据订阅者只需要从这一台机器上进行订阅。

在软负载中心集群内部，各个节点之间会进行数据的同步，所以，一台软负载中心收到的数据会传给其他节点，也会收到其他节点同步过来的数据，从而形成各个节点的数据都对等的状态（如图 7-14 所示）。这种方式下，数据发布者和数据订阅者的客户端的逻辑都非常简单并易于实现。

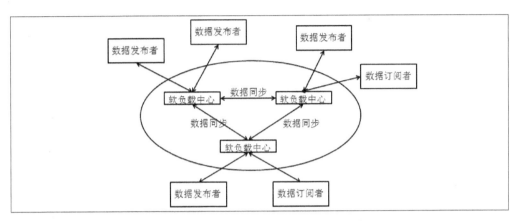

图 7-14 数据对等管理方案

那么软负载中心的各个节点之间的数据怎么同步呢？可以互相进行数据的发布，也就是说，如果软负载中心 A 需要把数据同步给软负载中心 B，那么软负载中心 A 就作为一个数据发布者把数据发布给软负载中心 B 就可以了。软负载中心 B 基本可以按照一个普通的数据发布者来处理 A，差别是当 B 要把自己的数据发布给其他节点时，从 A 收到的数据是不需要发布的，因为 A 自己会去发布。

这个方式可以复用现有的软负载中心的客户端，不过也带来了同步效率的问题，因为服务提供者发布数据的量相对是很小的，而且是一旦有数据要发布，就直接去进行通信了。而对于软负载中心节点间的数据同步，在发生变动时需要同步的数据量比较大，这时如果能够进行批量处理就会更加高效。例如，一个提供服务的集群有 100 台机器，那么当这个集群重启时，理论上对于这个服务地址列表会有 100 次变化，我们没有必要在软负载中心的节点中同步每次变化，只要合并这些变化后同步一次就可以了。

因此在相对大型的场景下，对于软负载中心集群内部节点间的数据同步，独立实现会比复用客户端的发布功能更加高效一些。具体同步时，可以设置一个间隔，把这个间隔内的数据变化合并后再进行一次同步。

图 7-14 中展示的是由三个节点组成的集群，如果节点较多的话，那么整个同步的量会比较大，这时也同样可以对集群内的节点进行职责划分，如图 7-15 所示。

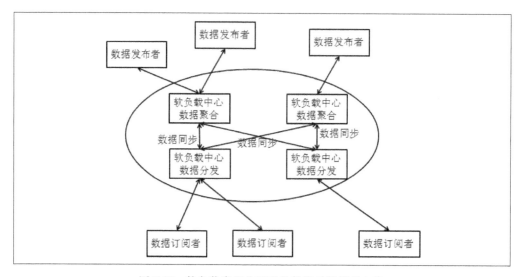

图 7-15 软负载应用分工后的数据对等管理方案

可以看到，在图 7-15 中也是把软负载中心集群内的节点分为了两种，一种是进行数据分发的节点，另一种是进行数据聚合的节点，只负责和数据发布者连接，聚合连接到自己节点上的数据发布者的数据，并且把聚合后的数据同步给进行数据分发的机器。可以看到，负责数据聚合的软负载中心的节点之间是没有联系的，负责数据分发的软负载中心的节点之间也没有联系，而每个负责数据聚合的软负载中心节点和每个负责数据分发的软负载中心节点都有一个连接。而在图 7-14 的方案中，集群内的每个节点之间都有连接，都互相同步数据。

我们来分析一下同样 4 个节点时，软负载应用不分工和分工两种方式下的数据同步的量。如果不分工且 4 个节点完全对等的话，理想情况下每个节点管理 1/4 的发布者数据，然后需要把自己管理的数据同步给 3 个节点，而且这 4 个节点都要做同样的事情。假设数据量的大小是 d，而且数据很快到达稳定并进行同步，那么需要同步的数据是 $1/4d \times 3 \times 4 = 3d$。如果分工（图 7-15 中的方案），2 个节点负责数据的聚合，2 个节点负责数据分发，那么聚合数据节点管理的数据理想情况下各是 1/2，需要同步给 2 个节点，一共 2 个节点要去同步，那么同步的数据量就是 $1/2d \times 2 \times 2 = 2d$。

我们可以用一个公式来看一下同步数据量的对比，前提是两个集群的节点数量相同。假设集群节点数量是 x，在分工的方案中，我们假定 x 个节点中 a 个节点是进行数据聚合的，总数据量为 d。则对于第一种方案，需要同步的数据量是 $1/xd \times (x-1) \times x = (x-1)d$；对于第二种方案，需要同步的数据量是 $1/ad \times (x-a) \times a = (x-a)d$。也就是说，如果第二种方案的聚合数据的节点数大于 1 的话，那么需要同步的数据量就比第一种方案小了，如果等于 1，则两种方案一样。

如果整个集群管理的总体数据很多，超出了单机的限制的话，那么就需要根据 dataId, group 对数据进行分组管理，让每个节点管理一部分数据。也就是用规则对数据进行类似分库分表的操作。不过如果走到这一步的话，数据订阅者可能就需要连接多个数据分发节点了（如图 7-16 所示）。

图 7-16 中，数据分发 A 和数据分发 B 这两个软负载中心节点管理的数据是不同的，所以，数据订阅者根据自己要订阅的数据可能连接需要多个数据分发的节点。而数据聚合的节点将数据同步给数据分发节点的时候，也需要根据相应的数据划分的规则进行同步。

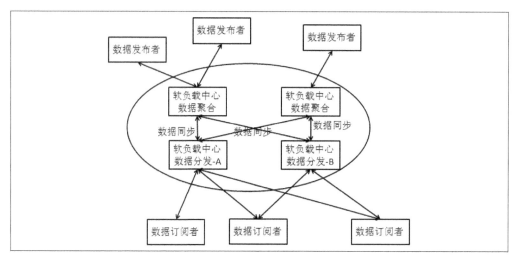

图 7-16 数据分组且软负载应用分工后的数据对等管理方案

7.8 集中配置管理中心

接下来我们看看集中配置管理中心是什么。在最初的时候，我们只有软负载中心，软负载中心除了管理服务地址列表外，路由规则、消息的订阅关系等也都在软负载中心保存。其实这些数据的特性并不相同，我们可以从数据是否持久以及是否需要聚合两个维度对数据进行分类。

持久指的是数据本身与联发布者的生命周期无关的，典型的是持久订阅关系、路由规则、数据访问层的分库分表规则和数据库配置等；非持久则是和发布者生命周期有关联的，例如服务地址列表。此外，服务地址列表、订阅关系等数据是需要聚合的；而路由规则以及一些设置项的内容则不需要聚合。具体可以分为非持久/聚合、持久/聚合、持久/非聚合和非持久/非聚合四类。我们按照数据是否持久进行划分，软负载中心管理的是非持久数据，而集中配置管理中心则是为了管理持久数据，两者都可以支持聚合的数据。

对于集中配置管理中心来说，最为关心的是稳定性和各种异常情况下的容灾策略，其次是性能和数据分发的延迟。集中配置管理中心存储的基本都是各个应用集群、中间件产品的关键管理配置信息，以及一些配置开关。我们通过集中配置管理中心统一进行运行时的控制，通过改变配置的内容进而影响应用的行为。

接下来我们来看一下集中配置管理中心的结构，如图 7-17 所示。

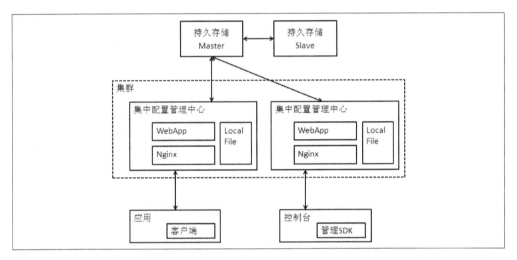

图 7-17　集中配置管理中心结构

我们通过主备的持久存储来保存持久数据，一般采用关系型数据库（例如 MySQL）。通过两个节点的主备来解决持久数据安全的问题。

集中配置管理中心集群这一层由多个集中配置管理中心的节点组成，这些节点是对等的。都可以提供数据给应用端，也都可以接收数据的更新请求并更改数据库。这些节点之间互不依赖。

在集中配置管理中心的单个节点中，我们部署了 Nginx 和一个 Web 应用，其中 Web 应用主要负责完成相关的程序逻辑（例如数据库的相关操作），以及根据 IP 等的分组操作（这个基于 IP 的分组类似于软负载中心中的基于 IP 的分组）。也就是我们整个应用的逻辑都放在了 Web 应用中。单机的本地文件（Local File）则是为了容灾和提升性能，客户端进行数据获取的时候，最后都是从 Nginx 直接获取本地文件并把数据返回给请求端。

对集中配置管理中心的使用分为了以下两部分。

- 提供给应用使用的客户端

	主要是业务应用通过客户端去获取配置信息和数据，用于数据的读取。应用本身不去修改配置数据，而是根据配置来决定和更改自身应用的行为。

- 为控制台或者控制脚本提供管理 SDK

	这个 SDK 包括了对数据的读写，通过管理 SDK 可以进行配置数据的更改。

7.8.1　客户端实现和容灾策略

客户端通过 HTTP 协议与集中配置管理中心进行通信。采用 HTTP 协议而不是私有协议可以更方便地支持多种语言的客户端，而且可以方便地进行测试和问题定位。那么，采用 HTTP 协议和集中配置管理中心进行交互，这相对于之前私有协议的 Socket 长连接来说是一种轮询的方式。考虑到服务端的压力，轮询的间隔是不能太短的，而这样会影响获取数据的时效性。

在此基础上的一个改进是采用长轮询（Long Polling）的方式，如图 7-18 所示。

建立连接并且发送请求后，如果有数据，那么长轮询和普通轮询立刻返回；如果没有数据，长轮询会等待，如果等到数据，那么就立刻返回，如果一直没有数据，则等到超时后返回，继续建立连接，而普通轮询就直接返回了。

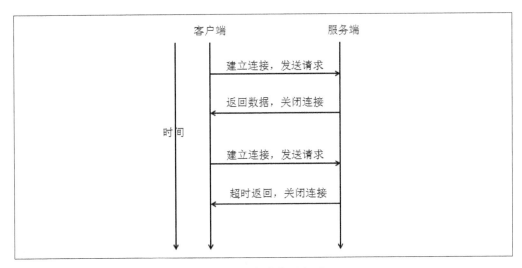

图 7-18　长轮询示意图

可以看出,采用长轮询的方式,数据分发的实时性比普通轮询要好很多,和 Socket 长连接方式大体相同,不过长轮询需要不断地建立连接,这是它相对于 Socket 长连接方式的弱点,可以说 HTTP 长轮询方式是 HTTP 普通轮询和 Socket 长连接方式的折中。

接下来我们再看一下对容灾的考虑。在客户端,提供了如下 4 个特性。

- 数据缓存

   是指每次收到服务端的更新后对数据的缓存,缓存的作用是当服务端因忙而不能及时响应数据获取请求时,为应用提供一个可选的获取数据的方案。使用本地的缓存不能保证获取最新的数据,但是能保证获得比较新的数据。在一些场景下,应用需要的是获得相应的数据然后继续业务逻辑,是否是当下最新的数据可能不那么关键,这个时候本地的数据缓存就可以派上用场了。

- 数据快照

   数据缓存能够缓存应用客户端获取到的最新数据,而数据快照保存的是最近几次更新的数据，数据是比缓存的数据旧一些，但是会保持最近的多个版本。数据快照用于服务端出现问题并且由于各种原因不能使用数据缓存时，例如缓存的最新的数据配置是一个有问题的配置，如果这时服务端不正常的话，就可以从更早几个版本的数据快照中进行恢复。

- 本地配置

  正常情况下，应用通过集中配置使用服务端所给的配置、数据管理中心客户端，但是如果遇到服务端不工作，而且需要更新配置并使之生效的情况，就需要使用本地配置这个特性，也就是说，如果在本地配置的目录中有对应的数据配置内容的话，这个优先级是最高的。如果服务端出现问题或者客户端与服务端的通信出故障，最坏的情况也可以把新的配置分发到各个应用的某一特殊位置，使得这个本地配置生效从而解决服务端不可用的问题。

- 文件格式

  这一点也很重要。如果是二进制数据格式，那么没有对应的工具是无法对配置进行修改的。而我们在客户端的容灾方面的最坏打算就是整个系统退化到一个单机的应用上，就会需要直接修改配置内容和数据，那么文本格式的限制就非常重要和关键了。

7.8.2 服务端实现和容灾策略

如之前图 7-17 中看到的，在集中配置管理中心服务端，主要使用了 Nginx 加 Web 应用的方式。和逻辑相关的部分在 Web 应用上实现。Nginx 用于请求的处理和最后结果的返回，而供返回的数据则都在本地文件系统中。

相比通过 Web 应用从数据库中获取数据，然后再把数据传给 Nginx，通过 Nginx 返回本地文件的数据要快很多，能够很好地提高系统的吞吐量，这也是很多网站的内容静态化的方式。除了作为静态化去进行加速以外，本地文件处理还有一个很重要的职责就是进行数据库的容灾。有了本地文件，数据的读取就不再走数据库了，读取配置数据不需要数据的参与。

在服务端需要做的另外一件事情是和数据库的数据同步，这里面包含以下两个方面。

- 通过当前服务端更新数据库。由管理 SDK 的请求送到当前的服务端，服务端需要去更新数据库的数据，同时，服务端也更新自身的本地文件，还可以通知其他机器去更新数据，不过只是传送一个更新数据的通知，而不是传送所有数据，并且这个通知也不是更新其他服务端数据的唯一方式。
- 定时检查服务端的数据与数据库中数据的一致性。这是为了确保服务端本地文件数据和数据库的内容的一致性，前面提到的如果数据更新通知不能送达其他服务端，那么其他服务端就需要靠定时地检查来保证与数据库中数据的一致性。

此外，根据 IP 地址的分组处理也是服务端的 Web 应用需要处理好的逻辑。

在容灾方面，如果有数据更新并且这时主备数据库都不可用，那么就需要直接修改服务端的本地文件的内容了。所以，配置本身的文本化也是容灾措施的前提条件。

在服务端，服务端节点更新数据后虽然会对其他节点进行通知，但是这个部分的设计和实现是节点间松耦合的，而不是节点强绑定的关系，因为还是希望让每个集中配置管理中心的服务端节点没有相互的强依赖，这样，集群的管理和扩容等都会非常方便。

7.8.3　数据库策略

数据库在设计时需要支持配置的版本管理，也就是随着配置内容的更改，老的版本是需要保留的，这主要是为了方便进行配置变更的比对及回滚。而数据库本身需要主备进行数据的容灾考虑。

　　到这里，与中间件产品相关的内容就结束了。在接下来的章节中，我们会了解与大型网站相关的一些其他技术。

第 8 章
构建大型网站的其他要素

8.1　加速静态内容访问速度的 CDN

CDN 是 Content Delivery Network 的缩写，意思是内容分发网络。CDN 的作用是把用户需要的内容分发到离用户近的地方，这样可以使用户能够就近获取所需内容。

整个 CDN 系统（如图 8-1 所示）分为 CDN 源站和 CDN 节点，CDN 源站提供 CDN 节点使用的数据源头，而 CDN 节点则部署在距离最终用户比较近的地方，加速用户对站点的访问。数据

CDN 其实就是一种网络缓存技术，能够把一些相对稳定的资源放到距离最终用户较近的机房，一方面可以节省整个广域网的带宽消耗，另外一方面可以提升用户的访问速度，改进用户体验。我们一般把一些相对静态的文件（例如图片、视频、JS 脚本、一些页面框架）放在 CDN 中。

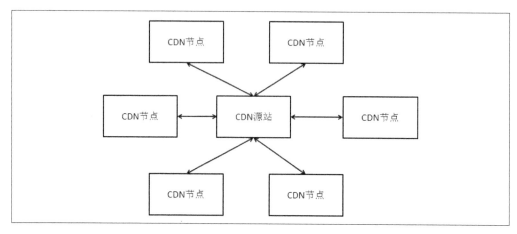

图 8-1　CDN 系统

我们通过浏览器访问一个网站的过程大致如图 8-2 所示。

图 8-2　浏览器访问网站的流程

（1）用户向浏览器提交要访问的域名。

（2）浏览器对域名进行解析，得到域名对应的 IP 地址。

（3）浏览器向所得到的 IP 地址发送请求。

（4）浏览器根据返回的数据显示网页的内容。

而在有了 CDN 以后，用户通过浏览器访问网站的过程会产生一些变化，如图 8-3 所示。

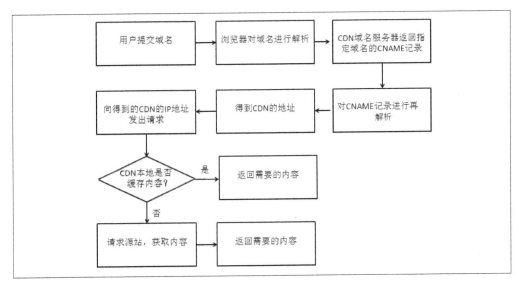

图 8-3　引入 CDN 后浏览器访问网站的流程

（1）用户向浏览器提交要访问的域名。

（2）浏览器对域名进行解析，由于 CDN 对域名解析过程进行了调整，所以得到的是该域名对应的 CNAME 记录。

（3）对 CNAME 再次进行解析，得到实际 IP 地址。在这次的解析中，会使用全局负载均衡 DNS 解析，也就是我们需要返回具体 IP 地址，需要根据地理位置信息以及所在的 ISP 来确定返回的结果，这个过程才能让身处不同地域、连接不同接入商的用户得到最适合自己访问的 CDN 地址，才能做到就近访问，从而提升速度。

（4）得到实际的 IP 地址以后，向服务器发出访问请求。

（5）CDN 会根据请求的内容是否在本地缓存进行不同处理：

➢ 如果存在，则直接返回结果。
➢ 如果不存在，则 CDN 请求源站，获取内容，然后再返回结果。

通过这个流程，我们也可以看到 CDN 中的几个关键技术。

● 全局调度

全局调度是完成用户就近访问的第一步，我们需要根据用户地域、接入运营商以及 CDN 机房的负载情况去调度。前面两个调度因素需要一个尽可能精准的 IP 地址库，这是正确调用的前提（误识别的 IP 地址到地理位置的对应可能会把东北的用户调度到华南的站点去），当然，做到 100%的精准是不现实的。IP 地址库的维护是一个持续和变化的过程，并且调度的策略随着 CDN 机房的增加也会变化。例如，我们不可能在所有城市都设置 CDN 机房，假设刚开始河南整个省份没有 CDN 机房，可能河南靠北的城市使用天津的 CDN，同时河南靠南的城市使用湖北的 CDN 会比较好，而如果后来在郑州市建设了 CDN 机房的话，那么原来的调度策略就会修改了。CDN 的负载也是调度中的一个影响因素，举例来说，如果一个 CDN 机房距离你的位置比较近，但是它的负载已经很高，响应很慢，那么你的请求送到距离稍远的 CDN 机房反而会更快。

● 缓存技术

从上面的流程中我们看到，如果用户请求的内容不在 CDN 中的话，CDN 会回到源站去加载内容，然后返回给用户。所以，如果 CDN 机房的请求命中率不高的话，那么起到的加速效果也是相对有限的。

要提升命中率，就需要 CDN 机房中有尽可能全面的数据，这要求 CDN 机房的缓存容量要足够大，我们可以使用"内存+SSD+机器硬盘"的混合存储方式来提升整体的缓存容量，并且需要做好冷热数据的交换，在提升命中率时也尽量降低缓存的响应时间。

此外，当 CDN 的 Cache 没有命中要回源加载数据时，合并同样数据的请求也是一个很重要的优化，这样可以减少重复的请求，降低源站的压力。

最后，新增、变更数据后的 CDN 预加载也是一个提升命中率的办法。也就是在没有请求进来时，CDN 主动去加载数据，做好准备。当然这个主动加载一般也需要源站有一个通知过来。

- 内容分发

这里提到的内容分发主要是对内容全部在 CDN 上不用回源的数据的管理和分发，例如一些静态页面等。具体做法是在内容管理系统中进行编辑修改后，通过分发系统分发到各个 CDN 的节点上。分发的效率以及对分发文件一致性、正确性的校验是需要关注的点。

- 带宽优化

CDN 提供了内容加速，很多请求和流量都压到了 CDN 上，那么如何能够比较有效地节省带宽会是一个很重要的事情，因为这直接关系到流量成本。优化的思路是只返回必要的数据、用更好的压缩算法等。

在 CDN 的应用中，从传统意义上来讲，主要是把用户需要访问的内容放到离用户近的地方。可以发现大部分流量是从源站到 CDN 机房的流量，我们也可以利用 CDN 机房距离目标用户近的地点，让一些上传的工作从 CDN 接入，然后再从 CDN 传到源站，这一方面可以提升用户的上传速度，另一方面也很好地利用了从 CDN 机房到源站的上行带宽。

8.2 大型网站的存储支持

在大型网站中，基本上就是在解决存储和计算的问题，当然，很多系统也都是围绕这两个问题在运转的。存储系统是一个很重要的支撑系统。

从网站使用存储的角度来看，大部分都是先从关系型数据库开始的，而且有可能会把一些操作放在数据库中去做，例如一些触发器、存储过程，这在开始阶段可能可以很好解决问题，但是在后面会带来很多麻烦。随着业务的发展，会引入分库分表等方式来解决问题。

关系型数据库系统本身建在 Key-Value 基础上，很好地支持了关系代数，给业务带来了非常大的便利。但是，大型网站中对存储的需求不能完全通过关系型数据库来满足。

8.2.1　分布式文件系统

对一些图片、大文本的存储，使用数据库就不合适了。可以考虑的一个方案是采用 NAS 网络存储设备，不过 NAS 本身的 IO 吞吐性能及扩展性在大型网站中会表现出比较明显的不足；另外一个方案是采用分布式文件系统。

分布式文件系统有很多具体产品，其中有很多是开源的系统 (包括淘宝的 TFS)。这一部分不得不提的是 Google 的 GFS (Google File System)，这是一个不开源的系统，Google 在 2003 年发表了名为 *The Google File System* 的论文，介绍了 GFS 的设计，如图 8-4 所示。

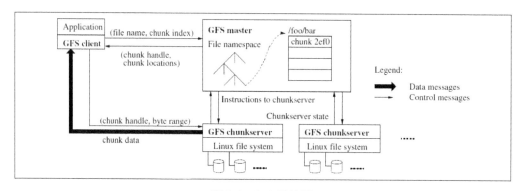

图 8-4　GFS 结构图

图 8-4 是 GFS 论文中介绍的 GFS 结构图。主要由三部分构成，GFS Client (客

户端）、GFS Master（在有些系统中被称为 Namenode）、CFS chunkserver（在有些系统被称为 DataNode）。

- Client

　　应用使用 GFS 的入口，Client 负责从 GFS Master 上获取要操作的文件在 ChunkServer 中的具体地址，然后直接和 ChunkServer 通信，获取数据或者进行数据的写入、更新。

- Master

　　可以说是整个系统的大脑，这里维护了所有的文件系统元数据，包括名字空间、访问控制信息、文件与 Chunk（数据块）的映射信息、Chunk 的当前位置等。Master 也控制整个系统范围内的一些活动，例如无效 Chunk 的回收、ChunkServer 之前 Chunk 的迁移等。Master 与 ChunkServer 之间通过周期性的心跳进行通信，检测对方是否在线。

- ChunkServer

　　这是文件数据存储的地方。在每个 ChunkServer 上会用 Chunk（数据块）的方式来管理数据，每个 Chunk 是固定大小的文件，超过 Chunk 大小的文件会被分为多个 Chunk 进行存储，而对于小于 Chunk 大小的文件，则会将多个文件保存在一个 Chunk 中。

GFS 主要解决了单机文件存储容量及安全性的问题，把多台廉价 PC 组成一个大的分布式的看起来像文件系统的集群，并对外提供文件系统的服务，可以满足业务系统对文件存储的需求。

通过 GFS 的论文可以详细了解整体的设计和一些细节问题的应对和解决，而开源的系统中也有类似 GFS 的实现，例如 HDFS 就是采用 Java 的类 GFS 的实现，可以通过 HDFS 去了解具体实现的代码细节。

8.2.2 NoSQL

前面我们看了关系型数据库和分布式文件系统，这一小节我们来了解一下 NoSQL。NoSQL 最初多被理解为没有（不是）SQL——即 No SQL，后面也被理解为 Not Only SQL。如果认为 NoSQL 能够完全解决所有问题，彻底替换关系型数据库，这样的观点就太绝对了。在大型网站中，需要去存储的不同内容的特性、访问特性、事务特性等方面的要求会有很大不同，无论是关系型数据库、分布式文件系统还是这里看到的 NoSQL，都会有自己所擅长的场景。

NoSQL 涵盖的范围很广，基本上处于分布式文件系统和 SQL 关系型数据库之间的系统都被归为 NoSQL 的范畴。下面分别从数据模型和系统结构两个方面来介绍一下 NoSQL。首先从 NoSQL 的数据模型方面做一个区分。

图 8-5 来自发布于 Highly Scalable Blog 中的 *NoSQL Data Modeling Techniques* 文章。这个图中有两个很有意思的地方，一个是 NoSQL 和 SQL 的基础都来自于 Key-Value，另外一个是如果 NoSQL 继续发展并完善功能，就会变成 SQL 关系型数据库了。

- Key-Value

这是最基础的技术支撑，后续的产品都是基于 Key-Value 存储而发展起来的。但是 Key-Value 存储有一个很大的问题，即没有办法进行高效的范围查询。

- Ordered Key-Value

这是在 Key-Value 基础上的一个改进，Key 是有序的，这样可以解决基于 Key 的范围查询的效率问题，不过在这个模型中，Value 本身的内容和结构是由应用来负责解析和存储的，如果在多个应用中去使用的话，这种方式并不直观也不方便。

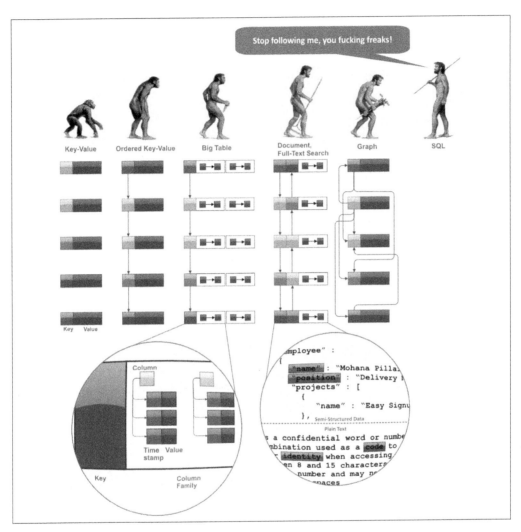

图 8-5 NoSQL 介绍

图 8-5 中的各部分分别介绍如下。

• BigTable

  BigTable 是 Google 在 2006 发表的名为 *Bigtable: A Distributed Storage System for Structured Data* 的论文中提到的一个产品，是一个结构化数据的分布式存储系统。从数据模型上讲，BigTable 对 Value 进行了 Schema 的支持，Value 是由多个 Column Family 组成，Column Family 内部是 Column，Column Family 不能动态扩展，而 Column Family 内部的 Column 是可以动态扩展的。

- Document，Full-Text Search

Document 数据库有两个非常大的进步，一个是可以在 Value 中任意自定义复杂的 Scheme，而不再仅仅是 Map 的嵌套；另一个是对索引方面的支持。而全文搜索则提供了对于数据内容的搜索的支持，当然，将全文搜索归属于 NoSQL 的范畴有些牵强。

- Graph

图（Graph）数据库可以看作是从有序 Key-Value 数据库发展而来的一个分支。主要是支持图结构的数据模型。

上面的内容是从数据模型维度的一个划分和介绍。其中 Full-Text Search 和 Graph 在一些地方可能不归为 NoSQL，不过这不是那么重要，我们主要是想看看在分布式文件系统和 SQL 关系型数据库之外，还有一些怎样的存储系统。

我们再从系统结构上来看一下 NoSQL。

图 8-6 所示是 HBase 的结构图，而 HBase 可以说是借鉴 Google BigTable 的一个 Java 版本的开源实现。从结构上我们可以看出，存储到 HBase 的数据是通过 HRegionServer 来管理的，每个 HRegionServer 中管理了多个 HRegion，每个 Region 中管理具体的数据。而 HMaster 则是管理所有 HRegionServer 的节点，是一个中心控制的结构。而这里的 HMaster 与前面 GFS 中 Master 的作用是类似的。

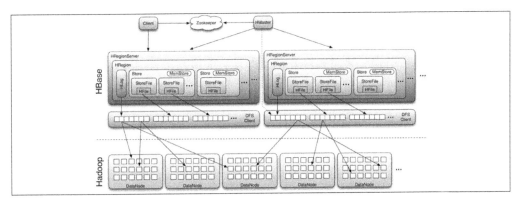

图 8-6　HBase 结构

此外，还有一种比较经典的结构是 Amazon 的 Dynamo 结构，如图 8-7 所示。

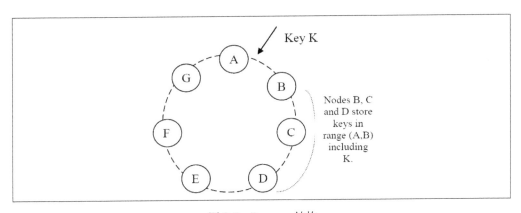

图 8-7　Dynamo 结构

Dynamo 整个集群中的数据分布不是通过类似 HBase 中 Master 的方式来管理，而是采用了一致性哈希进行管理。Cassandra 是一个开源的类似 Dynamo 的实现，当然在一些细节的处理和策略上会有差异。

在存储领域，Google 是非常领先的。Google 系统开源的不多，因此我们对其了解更多的是通过论文。

8.2.3 缓存系统

缓存系统可以看做一种特殊的存储，存储在大家的印象中多是持久的，而缓存是非持久的存储，是为了加速应用对数据的读取。

Redis 和 Memcache 是两个使用很广泛的开源缓存系统。Redis 已经有了对于集群的支持，当然 Redis 也可以当做单机的应用来使用，而 Memcache 本身还是一个单机的应用。在使用时，如果想把多个节点构建成一个集群是需要去考虑的，常见的是采用一致性哈希的方式。

而在大型网站的源站中，有两个重要的使用缓存的场景，第一个如图 8-8 所示。

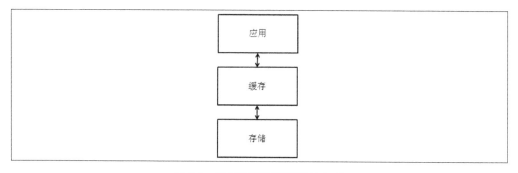

图 8-8　用缓存来管理存储的方式

图 8-8 所示的是网站应用中使用缓存来降低对底层存储的读压力，需要注意的是缓存和数据存储中数据一致性的问题。此外我们还有多种使用缓存和存储的模式，它们之间会有一些差异。

这种方式中，应用是不直接操作存储的，存储由缓存来控制。对于应用的逻辑来说这很简单，但是对于缓存来说，因为需要保证数据写入缓存后能够存入存储中，所以缓存本身的逻辑会复杂些，需要有很多操作日志及故障恢复等。

图 8-9 显示的是另一种应用使用缓存的方式。在这种方式中，应用直接与缓存和存储进行交互。一般的做法是应用在写数据时更新存储，然后失效缓存数据；而在

读数据时首先读缓存，如果缓存中没有数据，那么再去读存储，并且把数据写入缓存。

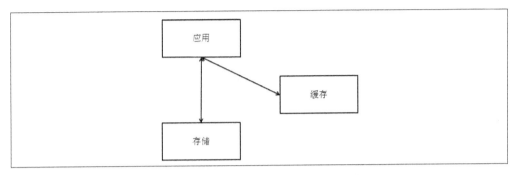

图 8-9　应用直接管理缓存和存储的方式

这里需要重点考虑的是缓存和存储数据一致性的问题，当然，这里是指最终一致。重点需要考虑的是缓存没有命中和数据更改的情况，以及更新存储中的数据后没来得及失效缓存的问题。

图 8-10 所示的方案对于全数据缓存比较合适，也就是说当存储的数据发生变化时，直接从存储去同步数据到缓存中，以更新缓存数据，这比较类似"数据访问层"一章（第 5 章）中提到的数据变更通知平台的适用场景。这样应用完全从缓存中读就行了。如果缓存的不是全数据，那么可以把同步数据变成失效数据，然后还是通过不命中的情况去进行缓存中的数据加载。

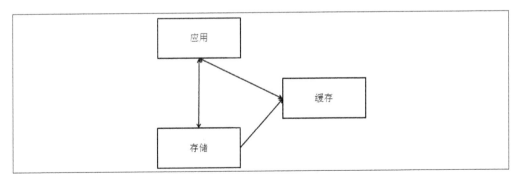

图 8-10　存储数据变更直接同步给缓存的方式

　　大型网站中使用缓存的另一个重要场景是对于 Web 应用的页面渲染内容的缓存。如图 8-11 所示，我们以一个展示的页面为例。我们对页面进行了分块儿，其中有相对静态的内容和动态的内容，如果整个页面采用在服务器端渲染的方式，我们希望相对静态的内容可以进行缓存而不是每次都要重新渲染。具体的实现技术为 ESI（Edge Side Includes），是通过在返回的页面中加上特殊的标签，然后根据标签的内容去用缓存进行填充的一个过程。

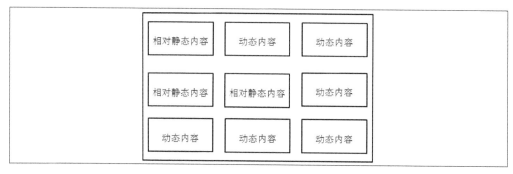

图 8-11　页面动静态内容示意图

　　整个工作流程如图 8-12 所示。

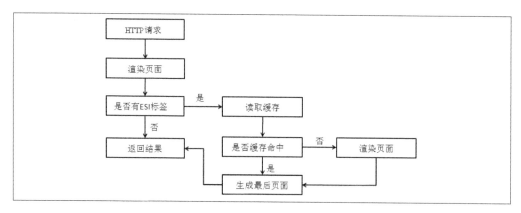

图 8-12　ESI 标签处理流程

图 8-12 显示了处理 ESI 标签的流程。处理 ESI 标签的具体工作可以放在 Java 的应用容器中做，也可以放在 Java 应用容器前置的服务器做，如图 8-13 所示。

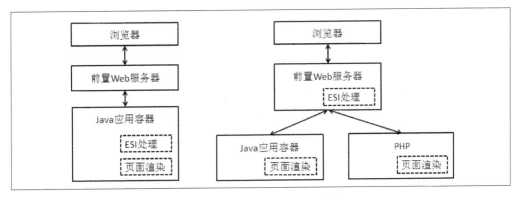

图 8-13 ESI 处理模块部署结构

这两种方式对比如下。

* 渲染页面和 ESI 处理在一个进程中，处理效率会提升，当页面内容是内部对象时就可以处理 ESI 标签了，而如果放在前置 Web 服务器，需要对内容再进行一次扫描，定位到 ESI 标签后再处理。
* ESI 放在前置 Web 服务器上处理，那么对于后端来说可以不单独考虑 ESI 标签的问题，例如当后端处理请求有 Java 应用、PHP 应用，甚至还有其他应用时，可以统一把 ESI 处理放在前置的 Web 服务器上，这样后端就只用处理请求，而不必对每个应用都去处理 ESI 的工作。

8.3 搜索系统

这里讲的搜索不是指像 Google 这样的全网搜索，主要讲的是站内搜索。当网站的数据量和访问量很小时，一些数据的查询可以直接用数据库的 Like 操作来实现。当然，这种方式的实现效率是很低的，而且也不够智能。当网站的数据量和访问量逐步增大时，就需要在站内使用搜索技术来解决信息查找的问题。

8.3.1 爬虫问题

对于全网搜索来说，爬虫是一个非常关键的系统，需要通过爬虫去获取被检索的网站的网页信息。在站内搜索中，我们同样需要可以发现、获取要被搜索的内容的系统（这个系统在站内一般不称为爬虫）。对于内部搜索来说，进入搜索系统中的数据的来源、格式及要求更新的频率都是已知的，这为我们根据数据变化来更新索引带来了很大的便利。

更新索引的方式一般有如下两种。

- 定时从数据源（一般是关系型数据库）中拉取，我们称之为增量 Dump，这要求数据库记录中有一个记录变更时间的字段，否则就无法获取一段时间内变化的数据，而这个字段需要有索引，否则会使效率变得很低。增量 Dump 开始前，需要进行全量的 Dump 构造初始化的数据。增量的时间间隔一般会在分钟级，这会引起明显延时。
- 通过数据变更的通知，及时通知搜索引擎构建索引，及时性会很好，不过带来的系统压力也比较大。因此这种方式主要用在对实时性要求很高的场景。

8.3.2 倒排索引

倒排索引是搜索引擎中一项很重要的技术，在介绍倒排索引前，我们先看一下正排索引。

假设我们有多篇文章，每篇文章都有自己的关键词，如表 8-1 所示。

表8-1 正排索引示例

文章	关键词
Doc1	keyword1,keyword2,keyword4
Doc2	keyword1,keyword3,keyword5
Doc3	keyword2,keyword5,keyword8,keyword9
Doc4	keyword6,keyword7,keyword9

我们通过文章可以找到这篇文章中的关键词，但是如果给定关键词，要找该词都在哪些文章出现，该怎么办呢？倒排索引可以很好地解决这个问题，如表8-2所示。

表8-2 倒排索引示例

关键词	文章
keyword1	Doc1,Doc2
keyword2	Doc1,Doc3
keyword3	Doc2
keyword4	Doc1
keyword5	Doc2,Doc3
keyword6	Doc4
keyword7	Doc4
keyword8	Doc3
keyword9	Doc3,Doc4

相对于正排索引，倒排索引是把原来作为值的内容拆分为索引的 Key，而原来用作索引的 Key 则变成了值。搜索引擎比数据库的 Like 更高效的原因也在于倒排索引。细心的读者在这里可能会注意到一个事情，那就是如何确定建立倒排索引的关键字，这主要取决于如何对要索引的内容进行分词。

8.3.3 查询预处理

查询预处理主要负责对用户输入的搜索内容进行分词及分词后的分析，包括一些同义词的替换及纠错等。这一部分是在使用搜索引擎前对于要搜索内容的梳理环节，而这部分的工作也会影响到最后搜索结果的质量。

8.3.4 相关度计算

当经过了查询分析器的处理后，查询会在搜索引擎上被执行，对于返回的结果，我们需要计算和搜索内容的相关度后展示给用户。相关度计算是在不指定按照某个字段排序的基础上对搜索结果的排序，排序的原则就是被搜索到的内容与要搜索的内容之间的相关度。

相关度的计算方式很多，例如有向量空间模型、概率模型等方法。而相关度计算本身会依赖查询预处理的处理效果，相关度计算的最终体现在搜索结果的质量。

搜索最基础的原理相对容易理解，但是站内搜索的具体过程落地，包括如何构建整个搜索的分布式系统，以及根据具体的场景进行优化，则是非常具有挑战性的工作。

8.4 数据计算支撑

计算所涵盖的范围很广，我们的系统所解决的核心问题就是存储和计算，这一节的计算主要是讲大型网站产生的大量业务数据的处理。

从实时性角度来讲，我们可以把计算分为离线计算和实时计算。

1．离线计算

顾名思义，离线计算是业务产生的数据离开生产环境后进行的计算。就是把业务数据从在线存储中移动到离线存储中，然后进行数据处理的过程。从时效性来说，计算结果和产生数据的时刻相比会有比较大的延迟。

在离线计算领域，MapReduce 模型是非常著名和常用的，MapReduce 是 Google 在 2004 年发表的名为 *MapReduce: Simplified Data Processing on Large Clusters* 的论文中提出的。图 8-14 展示了 MapReduce 处理的过程。主要分为两个阶段，第一个是 Map，第二个是 Reduce。

在 Map 阶段，我们根据设定的规则把整体数据集映射给不同的 Worker 来处理，并且生成各自的处理结果。而在 Reduce 阶段，是对前面处理过的数据进行聚合，形成最后的结果。当然，一个任务的处理可能不止一次 MapReduce 过程。

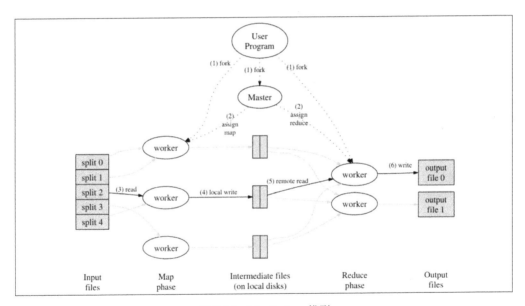

图 8-14　MapReduce 模型

MapReduce 模型让我们能够使用统一的模型和方式来使用集群中多机，降低了使用成本。

Hadoop 是 MapReduce 的一个开源实现，Hadoop 使用 HDFS 进行数据存储，而 Spark 则提供了基于内存的集群计算的支持。Spark 本身是为集群计算中特定类型的工作而设计的，例如进行机器学习的算法训练等，而基于内存的方式使得 Spark 的速度非常快，在我们进行算法训练时，能够非常快速地进行算法的迭代测试和算法的收敛。

2．在线计算

相对于离线计算，在线计算是比较实时的计算，其中比较常见的方式是流式计算。其中 Storm 是使用比较广泛的一个框架。

我们来看一下 Storm 与 Hadoop 概念的对比，如表 8-3 所示。

表 8-3 Storm 与 Hadoop 的对比

Storm	Hadoop
Nimbus	JobTracker
Supervisor	TaskTracker
Worker	Child
Topology	Job
Spout/Bolt	Mapper/Reducer

> Nimbus，负责资源分配和任务调度。
> Supervisor，负责接受 Nimbus 分配的任务，启动和停止属于自己管理的 Worker。
> Worker，具体处理组件逻辑的进程。
> Task，Worker 中的每一个 Spout/Bolt 线程称为一个 Task，在 0.8 版本以后的 Storm 中，Task 不再与物理线程一一对应，同一个 Spout/Blot 的 Task 可能会共享一个物理线程，称为 Executor。

图 8-15 所示是 Storm 的一个具体实例的拓扑结构，Spout 是整个处理流程的入口，也是数据的源头，而 Bolt 是整个流中的处理节点。整个拓扑结构决定了数据的流转和处理，所以也称为流式计算。Yahoo!的 S4 也是一个类似的产品。

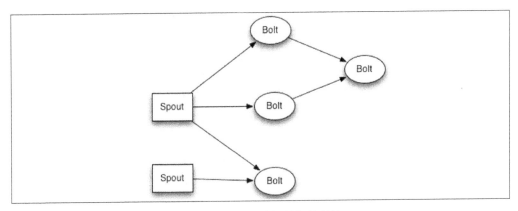

图 8-15 Storm 实例的拓扑结构

在第 6 章介绍消息中间件时说过，消息中间件作为消息投递的来源，其实也是一个数据处理流程的源头，订阅消息的应用也是实时地对消息进行处理，只不过这种情况下，更多的是订阅者自身处理完毕就结束了。相当于一层结构的简单流式处理的拓扑，是最简化的一种情况。

8.5 发布系统

当我们完成应用的开发和测试之后，需要使应用上线来为最终用户提供服务。这是一个看起来非常简单的工作，但是，当你要管理的应用服务器多达数万台时，当需要不影响用户而完成发布工作时，当你要考虑支持灰度发布时，发布的工作就会变得比较复杂。

我们来介绍一下发布系统应该完成的工作。

1．分发应用

我们需要提供自动高效并且容易操作的机制来把经过测试的程序包分发到线上的应用中，这里我们一般会采用 Web 的操作方式，通过专用通道把应用程序包从线下环境传送到线上的发布服务器。分发的过程中有如下两点需要注意。

先来看第一点。如图 8-16 所示，在多机房的情况下，我们考虑在每个机房都部署发布服务器，由机房内的发布服务器负责本机房的程序包的分发，而发布控制台的实现上，可以考虑只把程序包分发给所有发布服务器中的一台，由这个发布服务器负责在多个机房的发布服务器之间分发，也可以由发布控制台负责把程序包分发给所有机房的发布服务器。

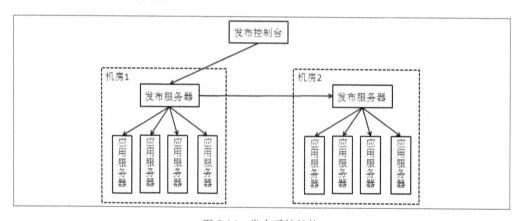

图 8-16　发布系统结构

另外一个要注意的点是，如果应用服务器数量过多的话，可以采用 P2P 技术来进行程序包的分发，进而加快分发速度。

2. 启动校验

当我们完成应用程序包的分发工作后，需要去停止当前应用上的程序，并完成新应用的启动。应用重新启动后，我们需要进行校验从而完成这台应用服务器上的应用发布。对应用的校验一般是由应用自身提供一个检测脚本或者页面，发布系统执行这个脚本或者访问页面后来判断返回的结果。

在停止应用时，如果采用暴力方式，就会影响当时正在执行的请求，所以需要优雅地关闭。但是如果持续有新请求进入的话，是很难优雅关闭应用的，所以需要控制不能有新请求进入。这就需要在负载均衡或者软负载中心上做文章，也就是需要在关闭应用前把这个应用从负载均衡或软负载中心上移去，然后再优雅地关闭应用（结束当前所有请求后关闭），然后进行新应用的启动及检查，检查通过后，再把这个应用加入到负载均衡或者软负载上，并对外提供应用。

从整个集群的视角来看，对于单机应用的下线、重启、上线的操作，需要总体控制同时进行这个操作的应用服务器的数量。因为如果一个集群中过多的应用下线的话，剩下在线的应用可能不能负担当时所有的请求，而同时去操作的应用服务器的数量或比例一定是可调的。

3. 灰度发布

应用虽然经过了严格的测试，但是为了保证万无一失，我们在进行发布时一般都会采用灰度发布，也就是会对新应用进行分批发布，逐步扩大新应用在整个集群中的比例直至最后全部完成，我们这里讲的灰度发布主要是针对新应用在用户体验方面完全感知不到的更新。从开始灰度发布到完全结束的时间可能会比较久（有的可能需要一周多），那么发布系统就需要记录、管理这些状态，并且完成整个发布的控制。

4．产品改版 Beta

面向最终用户的应用产品的改版会改变用户的习惯，对于这样的改变我们不会一刀切地直接推行，而会提供新旧应用的共存。应用本身会根据策略引流用户（主要是对用户的引导），对于发布系统来说，把新旧两个应用作为两个应用集群处理就行了。

8.6 应用监控系统

应用完成开发测试发布后，就会在线上向最终用户提供服务，那么应用本身的运行情况以及出现问题的处理是非常重要的，尤其对于大型网站来说，巨大的用户量以及对可用性的严格要求，就要求我们能够及时了解应用的运行状况并能够进行相应的控制。这一内容主要分为监视和控制两部分。

关于监视部分，我们从下面几个维度来看一下。

* 数据监视维度

我们监视的数据主要包括系统数据和应用自身的数据。系统数据指的就是当前应用运行的系统环境的信息，例如 CPU 使用率、内存使用情况、交换分区使用情况、当前系统负载、IO 情况等；而应用自身的数据，则是不同应用有不同的数据，一般会是调用次数、成功率、响应时间、异常数量等维度的数据。

* 数据记录方式

进行监视用的数据采集，需要考虑被采集数据的记录方式。系统自身的数据已经被记录到了本地磁盘上，应用的数据一般也是存放在应用自身的目录中，便于采集。也有直接把应用日志通过网络发送到采集服务器的情况，这样是可以减轻本地写日志的压力，不过也需要考虑网络或者远程服务器不可用的情况，这种情况下还是需要先写到本地。

对于应用数据的记录，我们首先会考虑用定时统计的方式记录一些量很大的信息。例如，对于一个提供服务的应用，在没有特别需求时，我们并不直接记录每次调用的信息，而是会记录一段时间（例如 5 秒或者一个间隔时间）内的总调用次数、总响应时间这样的信息，而对于异常等信息，则每条都会予以记录。采用统计的方式记录是为了减小记录的大小以及对本地磁盘的写入压力。

- 数据采集方式

这是应用监视的基础，数据在整个集群的各个服务器中产生，采集方式有应用服务器主动推送给监控中心以及等待监控中心来拉取两种方式。通过应用服务器来推送，控制权在应用服务器上，采集的频率由应用服务器控制，那么这种情况下可能出现的问题是应用服务器推送的压力超过采集的中心服务器的能力，会造成重试等额外开销，并且需要应用服务器上的推送程序控制重试逻辑和当前传送位置等信息。另外一种方式是由中心采集服务器去主动拉取，这是一个轮询的过程，采用长轮询的方式可以获得较低的延迟，不过开销比长连接要大一些。通过中心采集服务器去拉取，整个逻辑及关于日志位点的记录则都由中心采集服务器来完成。把复杂性都放在中心采集服务器上处理，使得应用服务器中支持数据采集的部分变得非常简单。

- 展现与告警

中心采集服务器收集的数据会集中存储，采用图表的方式可以提供 Web 页面的展示，并且根据设置的告警条件和接收人进行告警。之前多是通过短信方式来告警，现在通过手机应用来接收报警会是一个更好的方式。

下面来说说控制的部分，这里说的控制是应用启动后在运行期对于应用的行为改变。对于应用的运维，最低的要求是出现问题时可以通过重启应用解决，但是我们还是需要更加精细化地控制应用，其实比较多的控制是进行降级和一些切换。降级是我们遇到大量请求且不能扩容的情况时所进行的功能限制的行为，可能针对某个功能的所有使用者进行限制，也可能是根据不同使用者来进行限制。切换更多的是当依赖的下层系统出现故障并且需要手工进行切换时的一个管理。这些控制一般都是通过开关、参数设置来完成，需要得到第 7 章介绍的集中配置管理中心的支持。

8.7　依赖管理系统

通过应用中间件及各种底层的系统，网站已经不再是最初的集中式应用了，而已经成为了一个大型的分布式系统。在这个系统中有各种应用集群，这些应用集群和底层系统之间有着相互的依赖关系，而且随着网站功能的增多，应用的个数会快速增加，应用之间的关系也会越来越复杂，理清这些依赖关系并能够管理这些依赖会非常重要。

首先，我们需要知道一个应用在完成某个功能时到底需要依赖哪些外部系统，在此基础上，我们还需要知道这些依赖中哪些是必要的依赖（强依赖），哪些是有了更好没有也可以的依赖（弱依赖）。

来看一个简单的例子（如图 8-17 所示）。假设我们有三个应用，需要它们合作完成用户登录的功能，其中，应用 A 提供了 Web 方式的用户登录界面，在用户提交登录请求后，应用 A 需要通过应用 B 的服务来完成用户名和密码的验证工作，验证通过后，调用应用 C 去记录用户的登录时间和 IP，可见，应用 A 依赖了应用 B 和应用 C。首先我们要能够发现这个依赖关系，其次，在应用 A 对于应用 B 和应用 C 的依赖中，要求登录的功能要正常，那么验证用户名和密码的服务一定要可用才行，另外我们不希望记录登录时间和 IP 的功能影响登录的功能，因此这个功能不应该成为登录功能的强依赖。那么，我们需要有系统来检测某个应用的依赖关系及强弱性。

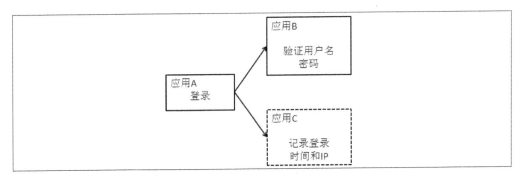

图 8-17　强弱依赖示意图

对于依赖的检测有动态检测和静态检测两种方式。静态检测主要是分析应用 A 的代码来确定所调用的具体外部应用，从而获得依赖关系，静态检测很难检测依赖的强弱性。动态检测则是在系统运行的阶段，通过功能的调用来发现应用的依赖关系，并且可以进行依赖强弱的检查。动态检测的主要检查方式是模拟被调用系统不可用和响应慢的两种情况，检测的场景是应用 A 启动及启动后的功能执行，也就是通过动态检测的方式来确定应用 A 在启动时必须依赖的应用有哪些，以及在运行某功能时必须依赖的应用有哪些。这些检测结果可供应用负责人参考，并且通过对比每次应用变更后的检测结果与变更前的检测结果，可以发现依赖的变化，包括依赖的增加、减少，以及依赖强弱特性的变化。

在运行某功能时的检测可以让我们知道完成这个功能的对外系统的依赖，但是，这还是一个相对比较粗的粒度。Google 在 2010 年发表的名为 *Dapper, a Large-Scale Distributed Systems Tracing Infrastructure* 的论文中介绍了在大型分布式系统中的追踪，从进入到大型分布式系统中的一个请求开始，追踪这个请求在整个大型分布式系统中的调用情况，这可以帮助我们绘制一个在大型分布式系统中跨系统的时序图。要实现这个功能需要我们在每个应用系统中都进行调用的记录，使用和请求相关的唯一一个 traceId 把这些记录串起来，traceId 需要在跨系统调用时进行传递。

从图 8-18 中可以看到，请求从应用 A 进入到整个系统中，那么从应用 A 开始调用依赖的服务时就会传递一个 traceId，它标识了整体调用链，此外我们可以看到还有一个 index，它主要用来记录依赖的层次和顺序。每个应用则在本机磁盘进行日志的记录，从而再把日志收集到统一的地方后进行拼装，形成一个调用的时序图。

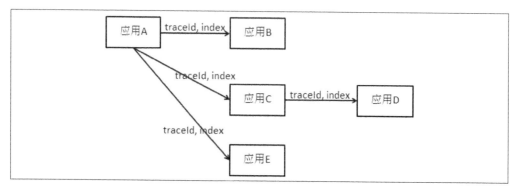

图 8-18　分布式环境调用追踪

图 8-19 就是一个示例，从中可以看到用户请求进入系统后，请求按照时间顺序的走向以及是通过什么方法来调用被依赖系统的。

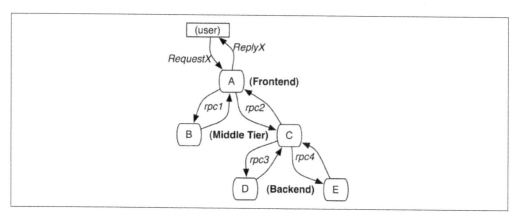

图 8-19　调用追踪具体示例

图 8-20 所示的是另外一种展现方式，在这个展现中把具体的请求处理时间也表示出来了。

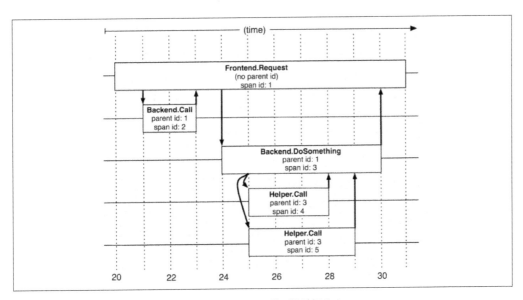

图 8-20　调用最终时间轴展示

　　前面两部分介绍的都是关于查看应用和应用之间的依赖关系。对于依赖的控制，则是通过白名单或者黑名单的机制来完成的。对于应用的识别主要是通过 IP 地址及应用本身的名字来完成。另外，可以通过密码的方式进行应用的鉴权，并完成相应的调用控制。

8.8　多机房问题分析

　　我们在这里说一下多机房的问题，当然这里的多机房指的是源站的多机房。从机房的地理位置区分，我们会讲同城机房和异地机房，一般同城的机房之间的距离相对比较近，可能在一二十公里，而异地机房的距离就很远了，一般为数百公里甚至上千公里。

　　多机房主要用于容灾，以及改进不同地域的用户的访问速度。当然，单个机房可以容纳的服务器规模限制也是多机房的一个影响因素。

同城机房的价值主要是容灾，以及突破单机房的服务器规模的限制。同城机房之间一般会采用光纤专线连接，对于应用来说，可以近似地把同城的多个机房当成一个机房看待。在同城多个机房中，对于重要的应用系统，我们会在不止一个机房中部署；而对于数据库系统，则会把主备放在不同机房；此外，我们也会尽量避免不必要的跨机房的内部系统调用，这可以通过软负载中心和服务框架来解决。具体如图 8-21 所示。

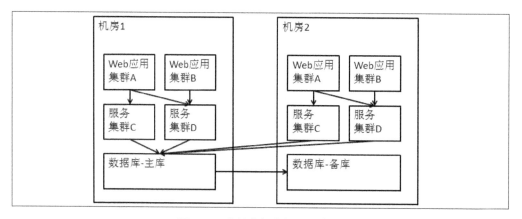

图 8-21 应用多机房部署示意图

当机房 1 出现故障时，应用的调用都是在本地，没有什么问题，而数据库要进行主备切换，并且应用也要切换到新的主库上。对我们来说，在应用层面需要完成的主要工作是使系统尽可能本地调用，不跨机房调用，另外则是当底层有状态切换时应用也能进行切换。

同城机房的问题相对好处理一些，异地则有很大的挑战，主要的因素是两地网络通信的延迟。

对于异地机房，可以分几个阶段来实施。首先是进行数据的备份服务，也就是为了数据安全，把产生的业务数据都同步到异地的机房。然后，把一些对数据延迟不敏感的系统部署到异地，这种系统一般是只读的系统，并且对于数据变化的延迟可以接受，那么我们可以在数据复制到异地机房的基础上构建只读应用，这样可以方便距离异地机房较近的用户的访问。最后，则是把写数据的应用也放在异地，这一步的挑战是最大的。如果业务之间独立，那么不同的业务分属于两地的机房是没有太大问题的，但是如果业务之间有关联的话，从用户的维度去划分是一个可以尝试的方向，但是同时也具有非常高的复杂性。

8.9 系统容量规划

线上系统有了监控和依赖的管理，我们就能够及时发现问题并且能够在有问题时进行一些必要的补救。但是我们还应该知道的信息就是整个系统的容量以及运行时所处的水位。

我们把某个应用系统集群能够提供的并发能力和当前的压力比作一个水桶的容量和水位，如图 8-22 所示。那么准确知道各个系统的容量和当前高峰时的水位是一件很重要的事情，因为我们还是希望优先通过扩大容量来支持更多的请求，而不是首选降级的方案。

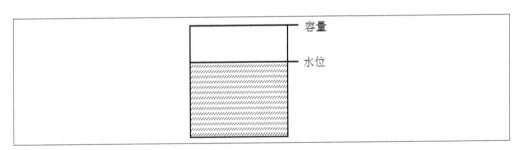

图 8-22　容量与水桶

容量的测量是一个基础的工作，我们最终的希望是能够比较好地对系统容量进行规划，能够预测系统容量的增长曲线，这样我们的机房建设、服务器的增加才能更加接近真实需求，也能降低成本。当然，要预测准确是非常困难的事情，预测的方式一般是考虑过去的增长情况并结合人为的判断。可以结合过去的增长趋势拟合曲线来生成未来的增长曲线，这是假设未来的增长趋势和历史能一致的前提下。而现实中很多系统的增长趋势并不是一直在重复过去，所以需要增加人对于增长的判断，即使这样也不能保证预测准确。那么，在无法精确预测容量变化的情况下，还有以下几件事情是我们必须要做好的：

- 弄清楚当前系统高峰期的水位。
- 弄清楚当前各个系统的容量。
- 设置警戒值，高峰水位高过警戒值就增加容量，保持高峰的水位是低于警戒值的。

其中第一条"弄清楚当前系统高峰期的水位"，我们通过前面的应用监控就可以采集到这些数据。而在计算出各个系统的容量后，根据水位去扩容也比较常规，我们重点要看一下怎样计算系统的容量。

我们通过测试来得到系统的容量。在大型分布式系统中，被测试的系统会依赖其他系统，那么我们首先需要保证它所依赖的系统不是瓶颈，这样才能比较真实地获取被测试系统自身的容量数据。此外，我们增加压力进行测试时，需要贴近用户的真实请求情况才能得到比较真实的数据；另外，还需要考虑系统自身的响应时间是否正常，如果响应时间明显增大，这时的并发请求数已经不能当做系统能够正常承担的并发请求数了。

对于 Web 应用和提供服务的应用，我们是通过负载均衡或者软负载设备使得集群中的单台机器服务更多的请求（如图 8-23 所示），我们可以逐步增加被测试应用的负载，并注意请求处理时间的变化，一旦请求处理时间比正常情况明显偏长，则结束测试。可以看到，我们之所以能够很容易地引流是因为被测试对象是无状态的。要注意的是，我们是通过测试集群中的单机容量来计算整个集群的容量的，那么对于数据库、缓存等进行数据存储或者有状态的集群，则不能使用这个方法来测试。放大当前的并发请求量是一个可用的方法，不过这只用于读操作，例如我们可以对读取某个节点的缓存数据的请求进行放大，可以将一次读取变为重复的多次。

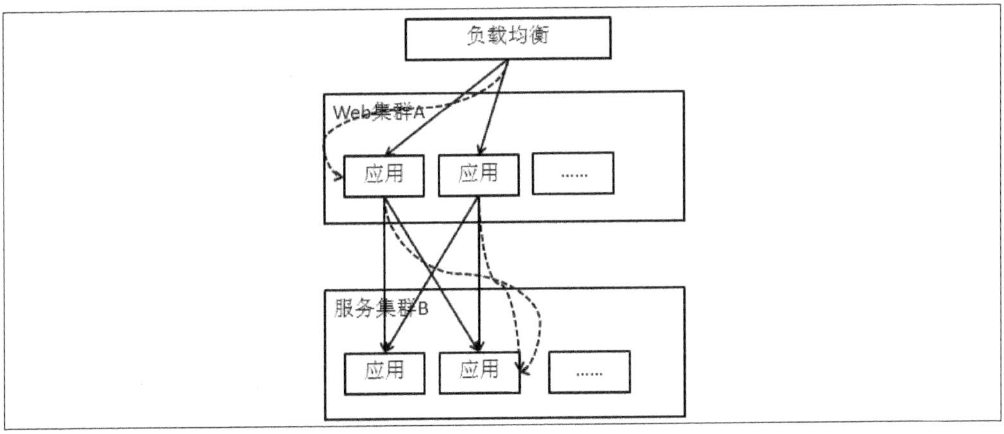

图 8-23　引流压测示意图

可以看到，我们在线上引流或者复制流量的方式都是针对单机的。如果要进行在线全站的压测则非常困难。对于读操作，可以利用加速日志回放进行；而对于写操作，则会相对复杂些，因为重放之前的用户日志会涉及数据的写操作，而这样会带来脏数据。可以考虑的一个处理方式是，在线上构建一个用于压测的数据库，把真实数据全部（大型系统中往往是部分）导入这个数据库，然后让写的压测数据走到这个 Mock 的数据库中。不过这里存在一个问题，那就是我们必须区分应用中的测试请求和正常请求，可以采用的一种做法是测试的请求从前端 URL 进来时就为之增加一个特别的参数，然后在整个调用链中传递这个参数，最后再进行测试库和真实库的区分。

8.10　内部私有云

近几年，云计算是很火热的话题，公有云、私有云也是业内很多技术人员热议的内容。对于大型网站来说，无论是前面看到的中间件还是本章看到的这些基础支撑，都是大型网站的重要组成部分，而内部私有云则会给大型系统的运维带来很多便利。

对于内部私有云的构建，需要考虑如何把已经形成规模的内部工具、系统较好地糅合在一起。此外，也可以去根据内部的特点去简化，例如如果我们都是 Linux 环境，就不需要考虑 Windows 的支持。云计算带给我们的是看起来用之不尽的资源，这背后要求我们的资源能够动态扩展，并且在不需要时能够动态收缩，那么，判断该扩容还是收缩就和之前所讲的容量规划中的容量测试和水位计算有很大关系，一旦要进行扩容，就需要去自动建立环境，上传应用并完成配置和启动。对有状态的集群的扩容、收缩要复杂很多。轻量级的虚拟化也是内部私有云的重要部分。可以说内部私有云会带动很多相关内部系统的改造，并带来一些人工工作的自动化。

到这里，关于大型网站的其他要素的介绍就结束了。本章主要是对这些要素进行基础介绍，其中谈到的每一个话题基本上都可以独立成书。希望本章能够让读者了解到除了前面重点介绍的 Java 中间件以外，支撑大型系统的还有其他哪些要素和系统。感兴趣的读者可以去找到相关资料进行深入的研究。

后记

通过前面章节的讲解，相信各位读者已经了解了大型网站系统及 Java 中间件的相关知识。在大型网站中，要面临的问题很多，但是核心问题还是数据量、访问量快速膨胀带来的稳定性、性能、成本、效率的问题，此外就是和算法相关的问题。

从集中式的系统走向分布式的系统时，需要通过服务框架、消息中间件及数据访问层来解决应用与应用之间的调用、解耦，以及应用与底层存储之间访问的通用的问题。这样一组基础设施可以让开发人员在进行分布式应用开发时能够重点关注业务应用本身要实现的功能，而不是陷入通信、编码等方面的工作中。中间件一定要和自身所处环境紧密结合才行。在底层支撑的系统上去建设和完善也要花费比较多的精力。

在大型网站的建设当中，千万不要一味遵循一些所谓的标准，因为有些标准的制定根本不是针对大型网站系统的。在大型系统中，总会遇到很多看起来"丑陋"的设计，但是这些设计往往能带来非常好的效果。

多关注业内的进展是很重要的，可以是发表的论文，或是类似博文的介绍，也可以是产品源码本身，我们需要了解它们并思考如何能够应用它们来改进自己的系统。而在具体解决问题时，完全从头写代码还是基于开源代码去发展，需要慎重地思考和决定。如果场景类似，那么以比较活跃的开源产品为基础，并根据自己场景定制会事半功倍；而如果没有合适的开源系统，就需要我们从零构建一个我们需要的基础系统。